电子材料物理学习指导

吕文中　汪小红　范桂芬　编

科学出版社

北　京

内 容 简 介

本书是《电子材料物理(第二版)》(吕文中等编,科学出版社,2017年2月)教材的配套用书。书中概括教材各章节的基本要求、主要内容、重点与难点、基本概念与重要公式,同时围绕课程教学要求及教材的重难点,在各章节增加相应习题,以巩固教材中对基本概念和原理的学习与理解。书后还附有常用物理常数表及常用物理量的国际单位制和高斯单位制。

本书可供电子、材料、光电子等专业师生、科研人员参考使用。

图书在版编目(CIP)数据

电子材料物理学习指导/吕文中,汪小红,范桂芬编. —北京:科学出版社,2020.9

ISBN 978-7-03-066026-8

Ⅰ. ①电… Ⅱ. ①吕… ②汪… ③范… Ⅲ. ①电子材料－物理性能－教学参考资料 Ⅳ. ①TN04

中国版本图书馆 CIP 数据核字(2020)第 170747 号

责任编辑:吉正霞/责任校对:高 嵘
责任印制:张 伟/封面设计:苏 波

科 学 出 版 社 出版
北京东黄城根北街 16 号
邮政编码:100717
http://www.sciencep.com

北京凌奇印刷有限责任公司 印刷
科学出版社发行 各地新华书店经销
*
2020 年 9 月第 一 版 开本:787×1092 1/16
2022 年 3 月第三次印刷 印张:8 1/2
字数:199 000
定价:35.00 元
(如有印装质量问题,我社负责调换)

前 言 Foreword

　　"电子材料物理"是电子科学技术专业下属微电子学与固体电子学二级学科的专业必修课，也是电子电工行业发展的专业基础。该课程拓展了专业范围，适应了当前宽口径、专业大类培养人才的基本思路。《电子材料物理》（第一版）教材于 2002 年 11 月由电子工业出版社出版，而后为了适应电子信息领域快速发展的需要，编者针对部分章节设置不合理、部分内容难度过浅的情况对教材第一版进行了调整和修订，于 2017 年 2 月由科学出版社出版了第二版，本书为该教材第二版的教学辅导书。

　　教材内容以无机非金属材料结构与性能之间的关系为主线，将材料的电学特性、磁学特性及光学特性等材料基本物理性质串接起来，提炼了"半导体物理"、"电介质物理"及"磁性物理学"三门专业物理课的主要基础概念及原理，同时引入材料的结构、缺陷及相变方面的相关基础知识，内容涵盖面广，专业性强。为了使广大学生能在有限的教学时间里，较好地掌握重要的物理概念和原理，理清结构与物理性质之间的内在联系，编者特编写了这本辅导书。本书归纳总结教材各章节的主要内容和重难点内容，并在各章节增加相应习题，帮助学生巩固课堂理论知识，提高学生的专业知识水平。习题以简答、计算、分析题为主，内容涵盖全面，难易适度，可供不同教学要求选择使用。本书还对教材部分知识点进行拓展，供学生学习阅读，扩大学习视野。

　　本书的第 1 章、第 2 章、第 4 章和第 6 章由范桂芬编写，第 3 章和第 5 章由汪小红编写，全书最后由吕文中统稿。在编写过程中，雷文研究员为介电性能部分提供了电滞回线和电畴方面的习题，邹正雨同学和陈鑫同学参与了部分习题答案的计算工作，在此一并表示感谢！同时，也向所有被引用文献的编著者表示感谢！

　　由于编者水平及经验有限，加之科研及教学工作繁忙，书中难免会存在疏漏，恳请广大读者批评指正。

编　者

2020 年 3 月

目 录 Contents

第1章

绪 论

1.1 基 本 要 求

了解电子材料的分类及特点,理解电子材料成分、结构与性能之间的关系,熟悉常见的微观测试分析方法,包括成分分析、结构分析等。熟悉电子材料电、磁、热、声、光等物理特性及相互耦合的功能特性,并了解电子材料在社会经济及军事国防领域的应用,尤其是在电子信息领域的重要应用。熟悉各国电子材料的研究现状及水平,充分认识电子材料是信息技术发展的基础和先导,电子材料的技术水平将会影响各国科学技术、国民经济水平和军事国防力量的发展。

1.2 思 考 题

1. 根据功能特性的不同,电子材料可以分为哪几类?

2. 电子材料成分分析、结构分析的微观测试方法有哪些?

3. 什么是超材料?简述超材料的基本特点、常见种类及应用领域。

4. 概述新型智能材料的特点、分类及应用。

5. 什么是纳米材料?它与常规材料有何不同?具有哪些特殊的效应?查阅资料了解纳米材料在电子信息领域中的应用。

6. 查阅资料归纳在微纳加工技术中应用的电子材料种类,并说明制约微纳加工技术进一步发展的影响因素。

7. 随着目前信息技术的快速发展,对电子材料的发展提出了哪些新的要求?

第2章 电子材料的结构、缺陷与相变

2.1 基 本 要 求

了解晶体的基本特征，熟悉晶体中原子在三维空间的排列规律，掌握结构基元、晶胞、晶系、布拉维点阵之间的关系，掌握晶体的对称性和相关对称操作，根据对称性的特点和规律，理解自然界中晶体结构的点群类型和空间群类型。理解鲍林规则的基本含义，利用鲍林规则分析配位多面体构成典型离子晶体结构的规律。了解过渡族离子的晶体场效应对晶体结构的影响，包括晶格对称性及离子的占位情况等。了解点缺陷的产生及扩散机理，掌握点缺陷符号和缺陷化学反应式的书写。熟悉固溶体的类型和影响固溶度大小的因素，根据固溶体的性质，掌握固溶体类型和固溶度的调控方法。理解相律的基本含义和相变的分类，熟悉相图的基本类型，并根据外界条件变化分析物相的转变过程。

2.2 主 要 内 容

2.2.1 晶体的结构与对称性

1. 晶体的基本特征

晶体是许多质点在三维空间进行周期性排列的固态物质。晶体的周期性结构使其具有某些共同特征，具体如下。

（1）自范性：晶体具有自发地形成封闭的几何多面体外形，并以此占有空间范围的性质。自范性是晶体内部粒子规则排列的外在反映。

（2）均一性：指晶体由于内部粒子的周期性规则排列，在它的各个不同部分上表现出相同性质的特性。

（3）异向性：指晶体的性质在不同的观测方向上有所差异的特性。晶体的均一性和异向性说明了在晶体的相同方向上具有相同的性质，而在不同的方向上有不同的性质，实际上都是晶体内部粒子规则排列的反映。

（4）对称性：晶体所表现的宏观性质在不同方向或位置上有规律地重复出现的现象称为对称性。显然，这也是晶体内部粒子规则排列的反映。

（5）稳定性：晶体内部粒子的规则排列是粒子间相互作用引力和斥力达到平衡的结果，即在相同的热力学条件下，晶体的内能是最小的，从而是稳定的。

2. 晶体的点阵结构

晶体由构成物质的质点在三维空间按照周期性规律重复排列而形成,如果将化学组成相同、空间结构相同、排列取向相同、周围环境相同的重复单位抽象成一个几何点(结点或阵点),那么这些几何点在空间按一定规则重复排列所形成的阵列,就是晶体的点阵结构。这种组成晶体重复排列的基本单位称为结构基元。结构基元的选取需要满足化学组成相同、空间结构相同、排列取向相同、周围环境相同这四个条件。结点可以在结构基元中的任意一个位置选取,但不同的结构基元中结点对应的位置相同,因此,结构基元中相同的原子构成的点阵与晶体的结点点阵相同。

点阵结构不考虑结构基元中包含的具体内容和具体结构,集中反映了结构基元在晶体中周期性重复的方式。晶体结构就是由点阵结构和结构基元共同体现的。其中,点阵反映晶体结构周期性的大小和方向,两个结点之间的矢量定义为该方向上的单位矢量;不同方向的单位矢量的大小不同;结构基元则反映了晶体结构中周期性重复的内容,包括构成结构基元的原子、离子、分子或络合离子等的种类、数量及相对位置。将晶体结构抽象成一个点阵结构,是将实际晶体中的缺陷和不完整性予以忽略的理想模型。

3. 晶胞及晶系

空间点阵可以任意选择三个不相互平行的单位矢量划分平行六面体,如果取结点为顶点,边长为该方向上单位矢量的平行六面体作为重复单元,这样的重复单元称为原胞。固体学原胞的结点只在顶点位置,内部和面上都不含结点,是最小的重复性单元,只反映晶体的周期性,并且选取不唯一。结晶学原胞,也称为晶胞,是能完整反映晶体周期性和对称性的最小平行六面体重复单元。晶胞的结点不仅在顶点,而且在体心或面心的位置;选取的平行六面体的体积有可能是固体学原胞的整数倍,并且选取唯一。初基晶胞是能够反映对称性的固体学原胞。

根据晶胞中结点数目及位置的不同,划分的晶胞的类型有简单晶胞 P、底心晶胞 A(B 或 C)、体心晶胞 I 和面心晶胞 F,如图 2.1 所示。对于底心晶胞,根据底心结点相对位置的不同,将与 z 轴相交的晶胞两个面心位置的底心情况定义为底心晶胞 C,将与 x 轴相交的晶胞两个面心位置的底心情况定义为底心晶胞 A,将与 y 轴相交的晶胞两个面心位置的底心情况定义为底心晶胞 B。

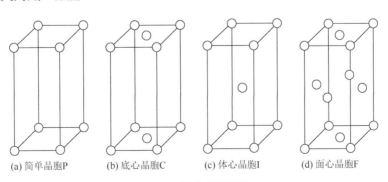

(a) 简单晶胞P　　　(b) 底心晶胞C　　　(c) 体心晶胞I　　　(d) 面心晶胞F

图 2.1　四种晶胞类型

晶胞是晶体结构的基本单位。晶胞的大小和形状可以用晶胞参数来描述。用晶胞棱边方向来表示晶轴，分别称为 a 轴、b 轴、c 轴。三个晶轴方向上的单位矢量长度分别为 a、b、c，晶轴之间的夹角分别为 α、β、γ，统称为晶胞参数。其中 a 轴和 b 轴之间的夹角为 γ，a 轴与 c 轴之间的夹角为 β，b 轴与 c 轴之间的夹角为 α，如图 2.2 所示。如果将晶胞放到坐标系中，坐标轴的方向与晶轴方向一致，那么晶胞中任何一点都可以用坐标参数来表示。

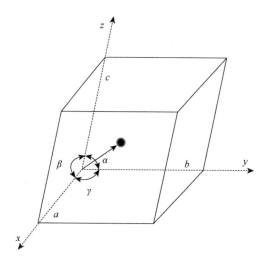

图 2.2　晶胞参数及原子坐标

根据晶体中晶胞参数特征的不同，将晶体划分为七大类，即七大晶系，如图 2.3 所示，具体如下。

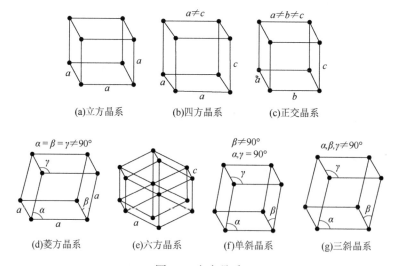

图 2.3　七大晶系

（1）立方晶系：$a=b=c$，$\alpha=\beta=\gamma=90°$。

（2）四方晶系：$a=b\neq c$，$\alpha=\beta=\gamma=90°$。

（3）正交晶系：$a\neq b\neq c$，$\alpha=\beta=\gamma=90°$。

（4）菱方晶系：$a=b=c$，$\alpha=\beta=\gamma\neq90°$。

（5）六方晶系：$a=b\neq c$，$\gamma=120°$，$\alpha=\beta=90°$。

（6）单斜晶系：$a\neq b\neq c$，$\alpha=\gamma=90°\neq\beta$。

（7）三斜晶系：$a\neq b\neq c$，$\alpha\neq\beta\neq\gamma\neq90°$。

4. 晶体的对称性

1）对称操作及对称元素

晶体结构的最基本的特点是具有空间点阵式结构。使晶体结构复原的对称操作及相应的对称元素有下面 7 种。

（1）旋转。晶体绕某一固定轴旋转角度 $\theta=2\pi/n$ 之后自身重合，该对称操作为旋转操作，国际符号为 Cn。旋转操作相应的对称元素为旋转轴，n 重旋转轴的国际符号为 n，n = 1，2，3，4，6。

（2）反映。将晶体中各点移到某一平面相反方向而与此平面等距离处晶体自身能重合的操作称为反映，国际符号为 M。反映操作相应的对称元素为镜面，国际符号为 m。

（3）反演。晶体中存在某一几何点，使晶体中各点通过这个点延伸到相反方向、相等距离时晶体能复原，国际符号为 I。反演操作的对称元素为对称中心，国际符号为 i。

（4）旋转-反演。晶体绕某一固定轴旋转角度 $\theta=2\pi/n$ 后，再经过中心反演，能自身重合，国际符号为 In。旋转-反演相对应的对称元素为旋转-反演轴，简称反轴，国际符号为 $\bar{n}$。

（5）平移。晶体结构沿某一直线移动一个或数个结点间距，晶体中的质点都与完全相同的质点重合，整个晶体复原。平移操作相对应的对称元素为平移轴，可以为点阵，也可以为假想的直线。

（6）旋转-平移。晶体结构绕轴旋转 $2\pi/n$ 角度后，再沿轴的方向平行移动一定距离，结构中每个质点都与完全相同的质点重合，整个结构自身重合。旋转-平移操作相应的对称元素为螺旋轴，国际符号为 n_s，s 为小于 n 的正整数，平移量 $\tau=(s/n)\boldsymbol{t}$，$\boldsymbol{t}$ 为点阵单位矢量，如 2_1，3_1，3_2，4_1，4_2，4_3，6_1，…，6_5。

（7）反映-平移。晶体中的质点经过反映面的对称操作后，再沿平行于该面的某一个方向平移一定的距离，能够和相同的质点重合，该面称为滑移面。反映-平移操作相应的对称元素为滑移面，根据平移矢量（包括大小和方向）的不同，滑移面可以分为五类，即 a、b、c、n、d。τ 为平移矢量，其中 a 为 $\tau=1/2\boldsymbol{a}$；b 为 $\tau=1/2\boldsymbol{b}$；c 为 $\tau=1/2\boldsymbol{c}$；n 为 $\tau=1/2(\boldsymbol{a}+\boldsymbol{b})$ 或 $1/2(\boldsymbol{b}+\boldsymbol{c})$ 或 $1/2(\boldsymbol{a}+\boldsymbol{c})$；d 为 $\tau=1/4(\boldsymbol{a}+\boldsymbol{b})$ 或 $1/4(\boldsymbol{b}+\boldsymbol{c})$ 或 $1/4(\boldsymbol{a}+\boldsymbol{c})$。

2）晶体的宏观对称性与点群

理想晶体的外形是一种有限的几何对称图形。这种有限对称图形能通过旋转、反映、反演及旋转-反演等操作而使等同部分重合，相应的对称性称为宏观对称性。由于在操作过程中总会有一点保持不动，也称为点对称操作或宏观对称操作。点对称操作有旋转、反映、反演及旋转-反演，相应的对称元素为 1、2、3、4、6 次旋转轴，镜面 m，对称中心

i、$\bar{1}$、$\bar{2}$、$\bar{3}$、$\bar{4}$、$\bar{6}$ 次反轴。对于旋转-反演操作，一次反轴就是反演中心 i，二次反轴就是反映面 m，3 次和 6 次反轴可以分解为另外两个独立的对称操作（$\bar{3}=3+i$，$\bar{6}=3+m$），不是独立的对称操作元素，只有 4 次反轴是独立的对称操作。因此，独立的点对称操作只有 8 种，即 1、2、3、4、6、m、i、$\bar{4}$。

对称群是晶体的对称元素及相应的对称操作所形成的集合。在有限对称图形中，宏观对称元素组合成的对称元素群称作点群。按照组合条件及其规律将晶体宏观对称操作进行组合，其组合方式共有 32 种，即得到晶体的 32 种点群类型或 32 种宏观对称类型。

晶体的对称性可以由 1～3 个起主导作用的对称元素来表示，其他的对称元素可以用这些主导元素推导出来。点群一般只列出起主导作用的对称元素，因此，点群符号一般用 1～3 个对称元素来表示。

点群符号的国际符号，又称赫曼-摩干（Hermann-Mauguin）记号，它用相应对称操作元素的国际符号来表示。国际符号一般由从左到右三个位序和位序上的对称元素符号组成，位序从左至右分别为第一位序、第二位序、第三位序。但三斜晶系、单斜晶系由一个位序上的对称元素符号来表示。其中，位序表示晶体中的某一个方向。不同晶系中位序表示的方向也不相同，具体见表 2.1。国际符号某一位序上所标出的对称元素代表在该位序相应方向上出现的对称操作元素。当在某一位序方向上同时存在对称轴及与其垂直的对称面时，用 n/m 表示，"轴"的符号写在分子，"面"的符号写在分母。

表 2.1 点群国际符号中不同晶系位序代表的方向

晶系	位序所代表的方向（从左到右）		
	1	2	3
立方晶系	a[100]/[010]/[001]	$a+b+c$[111]	$a+b$[110]
六方晶系	c[001]	a[100]	$2a+b$[210]
菱方晶系	c^* $a+b+c$[111]	a^* $a-b$[1$\bar{1}$0]	—
四方晶系	c[001]	a[100]/[010]	$a+b$[110]
正交晶系	a[100]	b[010]	c[001]
单斜晶系	b[010]	—	—
三斜晶系	—	—	—

注：菱方和六方点群符号位序的选取，因三坐标系和四坐标系两种坐标系不同而不同（*表示四坐标系）。

同一晶系的晶体其对称性都具有共同的特征对称元素，其特征对称元素可以体现在点群符号上。对于立方晶系，是第二位序的对称元素，符号为 3 或 $\bar{3}$；对于四方晶系，是第一位序的对称元素，符号为 4 或 $\bar{4}$；对于六方晶系，是第一位序的对称元素，符号为 6 或 $\bar{6}$；对于三方晶系，是第一位序的对称元素，符号为 3 或 $\bar{3}$；对于正交晶系，是三个位序上的对称元素，均为 m 或 2；对于单斜晶系，是仅一个位序上的对称元素，为 m 或 2 或 2/m；对于三斜晶系，只有一个位序，是 1 或 $\bar{1}$。因此，根据点群符号可以判断晶体所属的晶系类型及典型的对称要素。

　　3）晶体的微观对称性和空间群

　　微观对称性是与宏观对称性配合能反映晶体中原子排列的对称性,描述晶体内部质点排列的一个无限图形的对称性,能够进行平移操作是它区分宏观对称性的基本特征。描述晶体内部结构的对称性除了前述的宏观对称元素外,还包括与平移相关的微观对称元素,如平移轴、螺旋轴、滑移面等,具体有以下七类。

　　（1）旋转轴:1、2、3、4、6。

　　（2）反映面:m（$\overline{2}$）。

　　（3）对称中心:i（$\overline{1}$）。

　　（4）反轴:$\overline{3}$、$\overline{4}$、$\overline{6}$。

　　（5）螺旋轴:2_1、3_1、3_2、4_1、4_2、4_3、6_1、6_2、6_3、6_4、6_5。

　　（6）滑移面:a、b、c、n、d。

　　（7）14 种平移格子。

　　空间群是由晶体结构的对称性元素或对称操作所组合而成的对称群。晶体结构的对称性元素相互组合,可以得到 230 种空间群。推引空间群往往是从点群开始进行的。将 14 种布拉维点阵类型对应的点对称性用点群来表示,根据晶胞平移操作过程中平移矢量 τ 的不同,空间群可分为两大类:一类是平移矢量 τ 是所有平移方向上的单位矢量,这类空间群称为点式空间群;另一类是至少有一个方向上的平移矢量 τ 小于该方向上的单位矢量,这种空间群为非点式空间群。点式空间群有 73 种,非点式空间群有 157 种,总共有 230 种空间群。

　　空间群国际符号由两部分组成,最前面的大写英文字母（P、A、B、C、I、F、R）表示空间群的平移群,在空间群中一定含有作为子群的平移群,它用以描述晶体结构的周期性;符号的第二部分是与其同型点群相应的同型对称元素,也是由三个位序的对称元素符号组成的,分别表示空间群中主导方向上的对称元素,位序规定的方向与点群国际符号位序表示的方向相同,见表 2.1。由于相对于表示宏观对称性的点群符号,空间群国际符号中表示晶体内部结对称性的平移对称操作会消失,这样可以略去点阵类型符号,且在相同方向上,将螺旋轴或滑移面转变为对应的旋转轴或镜面,这样空间群符号就转变为同型的点群符号。

 拓 展

六方晶系、三方晶系与菱方晶系的区别

　　晶系的概念最早由德国的晶体学家维斯（Wiss）提出来,之后,晶体学家从空间群、点群及点阵类型的角度,提出了不同的晶系概念,以致不同书籍和文献中晶系的概念并不完全相同。

　　1855 年,法国晶体学家布拉维（Bravais）根据 14 种点阵类型中晶胞的特征,划分出了 7 种晶体结构类型:立方（$a = b = c$, $\alpha = \beta = \gamma = 90°$）、四方（$a = b \neq c$, $\alpha = \beta = \gamma = 90°$）、正交（$a \neq b \neq c$, $\alpha = \beta = \gamma = 90°$）、菱方（$a = b = c$, $\alpha = \beta = \gamma \neq 90°$）、六方（$a = b \neq c$, $\gamma = 120$, $\alpha = \beta = 90°$）、单斜（$a \neq b \neq c$, $\alpha = \gamma = 90° \neq \beta$）、三斜（$a \neq b \neq c$, $\alpha \neq \beta \neq \gamma \neq 90°$）。这 7 种晶系称为布拉维晶系。

　　后来的学者根据晶体学点群呈现的最高对称性的轴（包括旋转轴和旋转反演轴）可以将晶体结构划分为七大晶系，即根据点群具备的特征对称元素来进行划分，得到立方（四条沿体对角线的三重轴）、四方（唯一的四重轴）、三方（唯一的三重轴）、六方（唯一的六重轴）、正交（三个互相垂直的二重轴）、单斜（唯一的二重轴）、三斜（无对称轴）晶系。它们可以从空间群或点群符号的特征上进行判断。

　　可以看出，布拉维晶系是根据 230 空间群→14 种点阵类型的特征来划分的，而七大晶系是根据 230 空间群→32 种点群的特征对称元素来划分的。很多文献没有区分这两种晶系的划分方法，以致两种晶系概念中六方晶系、菱方晶系和三方晶系之间产生混淆。具体来说，它们之间是有一定的区别和联系的。布拉维晶系中的六方晶系，是具有六方点阵类型的晶体结构，可能是七大晶系中的六方晶系如 P6、P6 mm 等或三方晶系如 P3、P3 m1 等，都是六方点阵类型，都属于布拉维六方晶系。而七大晶系中的三方晶系包括布拉维晶系中菱方晶系的 7 种晶体结构（空间群以大写字母 R 开头的，如 R3、R3 m 等）和布拉维六方晶系中 17 种晶体结构（空间群以大写字母 P 开头的，如 P3、P3 m1、P312 等）。这也就是为什么三方结构，其空间群符号开始的大写字母有 P 和 R 两种形式，它们均表示简单点阵，一个表示六方简单点阵，一个表示菱方简单点阵。

2.2.2　典型晶体的结构

　　在无方向性和饱和性的金属键、离子键、范德华键等构成的晶体中，原子、离子或分子总是倾向于以密堆方式构成晶体结构。而晶体结构决定于构成晶体的质点的相对大小。在离子晶体中，其结构决定于正、负离子半径的大小。有些实际离子晶体，除了正负离子的半径大小外，还有许多因素影响离子的配位数或配位多面体的几何形状，如键的类型、极化、晶格构型等。鲍林（Pauling）根据大量的晶体结构数据及从点阵能公式所反映的晶体结合原理，归纳并推导出了有关离子化合物晶体结构的 5 个规则，即"鲍林规则"。

1. 鲍林规则

　　（1）鲍林第一规则：负离子配位多面体规则。规则指出，正离子周围必然形成一个负离子多面体，在此多面体中正、负离子的间距由其半径之和决定，其配位负离子数由正、负离子半径比决定。不等径球的配位关系见表 2.2，表中半径比与配位数的关系表示了该配位多面体结构能稳定存在的正、负离子最小半径比，当半径比小于这一数值时，该结构将向配位数更低的结构转变，否则不稳定。

表 2.2　不等径球的配位关系

负离子自身的配位数	负离子自身的堆积状态	负离子堆积构成的配位间隙	正离子的配位负离子数	正、负离子最小半径比 r^+/r^-
6（平面）	平面三角形	平面三角形	3	0.155
12	六方或立方密堆	四面体（2/3） 加八面体（1/3）	4 6	0.225 0.414

续表

负离子自身的配位数	负离子自身的堆积状态	负离子堆积构成的配位间隙	正离子的配位负离子数	正负离子最小半径比 r^+/r^-
8	体心密堆	八面体	6	0.414
6	简立方密堆	六面体	8	0.732
		二十面体（六方）或十四面体（立方）	12	0.904

（2）鲍林第二规则：又称为电价规则。规则是指，在稳定的离子化合物之中，正、负离子的分布趋于均匀，总体呈电中性，且每一个负离子的电价数等于或近似地等于从邻近各正离子分配给该负离子的静电键强度的总和。根据电中性原理，由于 $Z^+/CN^+ = Z^-/CN^-$（CN^+、CN^- 分别为正离子的负离子配位数、负离子的正离子配位数），可以计算出负离子的正离子配位数，也就可以知道正离子配位多面体的连接方式。

（3）鲍林第三规则：多面体组联规则。规则说明，在离子晶体中配位多面体之间共用棱边的数目越大，尤其是共用面的数目越大，结构的稳定性越低。这个规则特别适用于高电价低配位数的多面体之间。

（4）鲍林第四规则：高电价低配位数多面体远离法则。规则指出，若在同一离子晶体中含有不止一种正离子时，高电价低配位数的正离子多面体具有尽可能相互远离的趋势。

（5）鲍林第五规则：结构简单化法则。规则说明，在离子晶体中，样式不同的结构单元数应尽量趋向最少。也就是同一类型的正离子，应该尽量具有相同的配位数。

2. 典型的离子晶体结构

离子化合物基本上可按负离子密堆、正离子填充密堆间隙的角度来考虑其结构构成。典型结构有 AB、AB_2、A_2B_3、ABO_3、AB_2O_4 等几种。

在常见的 AB 型化合物中，随着 r^+/r^- 的变化，按矿物学的命名有 4 种结构，即氯化铯型、岩盐型、闪锌矿型和纤锌矿型。常见的 AB_2 型化合物为 4 价金属氧化物，如 ZrO_2、TiO_2、SnO_2，还包括 SiO_2。在 AB_2 型化合物中，随着半径比的改变，具有萤石型、金红石型和白硅石型三种典型结构。典型的 A_2B_3 型晶体结构为刚玉，即 Al_2O_3，其配位数为 M：O = 6：4。

ABO_3 型化合物有三种典型结构，即钙钛矿型、钛铁矿型和方解石型，其中钙钛矿型结构在电子陶瓷中具有特殊的重要地位，大多数铁电材料或压电材料都具有这种结构。钙钛矿型结构的配位数为 A：B：O = 12：6：6。在 ABO_3 型结构中，A 通常都是低电价、半径较大的离子，它和 O^{2-} 离子一起按面心立方密堆；B 通常为高电价、半径较小的离子，处于氧八面体的体心位置。所有八面体都是三维共角相连的，这是晶体具有铁电性的重要条件之一，典型代表是 $BaTiO_3$、$SrTiO_3$、$PbTiO_3$ 等。在 ABO_3 型晶格中，半径 R_A、R_B 和 R_O 之间存在有下列关系：

$$R_A + R_O = \sqrt{2}(R_B + R_O)t \tag{2.1}$$

式中：容差因子 t 可在 0.77～1.1 取值，在此范围内，晶体仍可保持稳定的钙钛矿型结构。

当 $t<0.77$ 时，将构成钛铁矿型结构；当 $t>1.1$ 时，为方解石或纹石型结构。在钙钛矿型结构的容差因子变化范围内，将 A、B 位离子分别用其他离子进行复合取代，可以研制出很多复合钙钛矿型结构的化合物或固溶体，在铁电压电领域有着非常重要的应用。

　　AB_2O_4 型尖晶石型结构可分为正尖晶石型与反尖晶石型两种结构。正尖晶石型晶格结构的配位数为 A∶B∶O = 4∶6∶4，其中 O^{2-} 按面心立方密堆排列，A、B 离子分别位于 O^{2-} 的四面体及八面体间隙中。在一个 O^{2-} 构成的面心立方密堆中，共有 8 个四面体间隙和 4 个八面体间隙，A 占据四面体间隙的 $\frac{1}{8}$，B 占据八面体间隙的 $\frac{1}{2}$，一个立方密堆中 A、B、O 的离子个数分别为 1、2、4，即一个 AB_2O_4 分子。在尖晶石型结构的晶胞中，共有 8 个分子。属于这类结构的有 $MgAl_2O_4$、$MnAl_2O_4$、$CdFe_2O_4$、$MgCr_2O_4$、$ZnCr_2O_4$。具有正尖晶石型结构的物质大多是绝缘体。反尖晶石型结构是在正尖晶石型结构基础上，将四面体间隙中的 A 离子和八面体的中的 B 离子交换了位置，即 B 离子有 $\frac{1}{2}$ 在四面体间隙中，如 Fe（MgFe）O_4、Fe（TiFe）O_4、Fe（NiFe）O_4、Fe（FeFe）O_4（即 Fe_3O_4）、Mn（NiMn）O_4、Mn（CuMn）O_4 等，这类反尖晶石型结构材料是一系列性能优良的磁性瓷和半导瓷。

3. 晶体场理论

　　大部分离子晶体化学特性，是可以依据鲍林规则这种简单的静电理论来予以说明的。但是，在一系列过渡元素化合物的离子晶体中却出现了不少例外，这主要是由过渡离子受晶体场效应影响引起的。晶体场理论是从 d 电子轨道与阴离子多面体之间的静电相互作用来考虑能级分裂与晶体结构的一种理论。它可以成功解释过渡族元素的晶体结构及其化学性质。

　　在晶体结构中，带负电荷的配位体对中心阳离子所产生的静电场，称为晶体场。过渡族元素离子在晶体场作用下，原本能量相同的 d 轨道将发生能级变化。晶体场形式不同，能级分裂的情况也不相同。根据对称性，晶体场有球形场、八面体场、四面体场、立方体场等。

　　（1）球形场：设想把阴离子均匀地分布在一个空心球的球面上，形成一个球形对称场，其中心阳离子原来 5 个能量相同的 d 轨道都会受到球形场的排斥而能量升高。由于排斥的程度相同，不会发生能级分裂。

　　（2）八面体场：6 个阴离子分布在八面体的 6 个顶角。当一个过渡元素离子处于八面体中心时，它的 5 个 d 轨道都将受到阴离子的排斥而能量升高，但受排斥程度不同。在八面体场中 d 轨道能级分裂为两组：e_g 轨道组（$d_{x^2-y^2}$ 和 d_{z^2} 轨道）能量相对升高；t_{2g} 轨道组（d_{xy}、d_{xz}、d_{yz}）能量相对降低。

　　（3）四面体场：4 个阴离子分布在立方体相间的 4 个顶角，4 个顶角的连线构成一个四面体。在四面体场中 d 轨道能级分裂为两组：t_2 轨道组（d_{xy}、d_{xz}、d_{yz}）能量相对升高；e 轨道组（$d_{x^2-y^2}$ 和 d_{z^2} 轨道）能量相对降低。

　　（4）立方体场：阳离子位于立方体的 8 个顶角，中心阳离子 d 轨道的分裂情况与四面体场相同。

　　晶体场分裂能是在晶体场作用下，d 轨道能级发生分裂，高能级轨道与低能级轨道的能量差。八面体场分裂能为 ΔO，四面体场分裂能 $\Delta t = 4/9\Delta O$，立方体场分裂能 $\Delta c = 8/9\Delta O$，各晶体场的分裂能级及分裂能如图 2.4 所示。无论晶体场的对称性如何，受到相互作用的 d 轨道的平均能量是不变的，以球形场作用产生 E_s 能级为基准，习惯将 E_s 取作 0 点，分裂之后总能量不变，仍为 0。

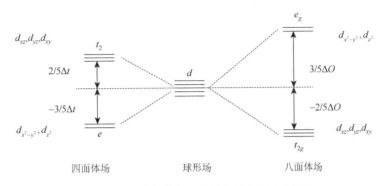

图 2.4　各晶体场作用 d 轨道能级分裂及分裂能

　　能级分裂导致电子在 d 轨道中的排布受到影响。以八面体场为例，根据轨道分裂能 ΔO 及电子成对能 P（同一轨道中成对电子相互排斥的能量）的相对大小不同，电子排布呈现两种方式：在弱场条件下，$\Delta O < P$，电子将优先占据空轨道，是一种高自旋状态；在强场条件下，$\Delta O > P$，电子优先在低能 t_{2g} 轨道成对充满，然后再占据 e_g 轨道，是一种低自旋状态。

　　d 轨道分裂后，电子在 d 轨道中的排布受到影响，从而系统的总能量会发生变化。d 轨道分裂导致过渡元素离子总能量降低，稳定性增加。这一能量的降低值称为晶体场稳定化能（crystal field stabilization energy，CFSE）。CFSE 越大，配位多面体越稳定。

　　晶体场效应导致 d 轨道电子的排布情况不同，会对多面体的形状和离子的占位情况产生影响，进而影响晶体结构类型。例如，八面体场畸变效应和尖晶石型结构中 A、B 离子的占位情况，均可以用晶体场效应进行解释。具体内容见教材。

 拓展

影响分裂能的因素

　　（1）配合物的空间构型影响分裂能的变化：平面正方形场＞八面体场＞立方体场＞四面体场。

　　（2）配位体的性质：同一中心离子形成相同构型的配合物，不同的配位体，配位体场强不同，分裂能 ΔO 不同，配位体场强弱顺序大致为

$I^- < Br^- < S^{2-} < O^{2-} < SCN^- \sim Cl^- < NO_3 < F^- < OH^- < ONO^- < C_2O_4 < H_2O < NCS^- < edta < NH_3 < en < NO_2^- < CN^- \sim CO$

　　一般在 H_2O 以前基本上是弱配位体，O^{2-} 为弱配位体，因此，在过渡族离子的金属氧化物中，d 轨道会呈现高自旋的排布情况。

　　（3）中心离子：同一过渡元素与相同配位体形成相同构型的配合物时，中心离子电荷越多，其分裂能 ΔO 越大；同一族、同一价态下，含 d 电子层的主量子数越大，分裂能 ΔO 越大。

2.2.3　晶体中的点缺陷

1. 点缺陷的类型

点缺陷是引起几个原子范围的点阵结构不完整的晶格畸变,其在三维尺度上都非常小,也称为零维缺陷。点缺陷包括原子缺陷、电子缺陷、辐照缺陷等。

原子缺陷按照产生的原因可以分为三类:热缺陷、杂质缺陷和非化学计量比缺陷。热缺陷是外界热起伏导致晶格产生的缺陷,它是一种本征缺陷,分为弗仑克尔(Frenkel)缺陷和肖特基(Schottky)缺陷两类。杂质缺陷是外界杂质的引入在晶格中产生的缺陷。根据杂质进入晶格后位置的不同分为替位式缺陷和填隙式缺陷。非化学计量比缺陷是组成上偏离化学定比定律所形成的缺陷,是由基质晶体与环境介质中的某些组分发生交换而形成的,缺陷类型有空位、填隙原子等。

电子缺陷是晶体内原子或离子的外层电子由于受到外界激发,部分电子脱离原子核对它的束缚,成为自由电子,对应留下的空穴。

辐照缺陷是由高速粒子(中子、氘核、α粒子、光子和电子)照射晶体时所产生的结构缺陷。色心是其中一种,是光照下产生光吸收的点缺陷,它们可能存在于非化学计量比的化合物中。

2. 点缺陷的符号

点缺陷的符号表征通常采用克吕格-温克(Krüger-Vink)符号系统。以二价金属氧化物 MO 晶体为例,AX 化合物为外来杂质,MO 晶体中形成的点缺陷符号形式如图 2.5 所示。其中,用一个主要符号表示缺陷的种类,在大方框的位置,通常用 V 表示空位缺陷,用 A、X 表示杂质缺陷,用 e、h 表示电子缺陷;而用一个下标表示晶体中缺陷所在的位置,在小方框位置,通常金属格点位置用 M 表示,氧格点位置用 O 表示,间隙位置用 i 表示;符号的上标表示缺陷所带的有效电荷,如用"×"表示电中性缺陷,用实心点"•"表示带正电荷缺陷,实心点的个数表示有效正电荷数,用撇"'"表示缺陷带负电荷,撇的个数表示有效负电荷数;而点缺陷的浓度,通常在点缺陷符号两边加上中括号[ ]来表示,电子缺陷浓度用 n 来表示,空穴缺陷浓度用 p 来表示。点缺陷的有效电荷就是用缺陷的实际电荷抵消它在基质晶体中所占位置的电荷后呈现的电荷。

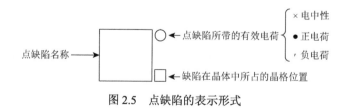

图 2.5　点缺陷的表示形式

3. 点缺陷准化学反应

点缺陷的形成过程可以用准化学反应方程式来表示。准化学反应方程式的书写原则如下。

（1）质量关系：缺陷反应遵守质量守恒定律，即反应式两边的质量总和应相等，其中空格点质量为零。

（2）位置关系：对 M_aX_b 化合物而言，反应前后 M 子晶格的格点数与 X 子晶格的格点数之比应等于两种元素的化学计量比 a/b，但格点总数可以变化。

（3）电荷关系：根据电中性原理，反应式两边的总有效电荷必须相同。

对于准化学反应式，箭头左边是反应物，由生成缺陷的物质组成，箭头右边是生成物，由生成的点缺陷组成，箭头上方的化学式表示基质晶体的化学式。具体实例见教材。

4. 点缺陷的扩散机制

扩散是一种由热运动引起的杂质原子或基质原子的运输过程，是物质传输的一种方式。无机材料在高温下发生的微观结构变化及化学反应往往都是通过扩散进行的，扩散的研究又和晶体中的点缺陷及它们的运动密切相关。弄清扩散的微观本质，并探讨物质质点的微观运动和扩散系数之间的关系，能比较深入地分析影响扩散的因素。

若令 J 为扩散流密度，它是单位时间内通过垂直扩散方向上单位面积的扩散物质的量。在浓度梯度驱动下，扩散流密度可表示为

$$J = -D\nabla N \tag{2.2}$$

式中：D 为扩散系数；∇N 为扩散粒子的浓度梯度；负号表示粒子从浓度高处向浓度低处扩散。这就是菲克（Fick）第一定律的数学表达式。

晶体中粒子的扩散可以归纳为两种典型的形式：间隙式扩散和替位式扩散。经推导，点缺陷的扩散系数可以表示为

$$D = D_0 \exp\left(\frac{-E_a}{k_B T}\right) \tag{2.3}$$

式中：$D_0 = a^2\nu_0$（ν_0 为间隙原子或替位式原子振动频率）；扩散活化能 $E_a = E_i$ 或 $E_V + E_s$（E_i 为间隙原子越过势垒具备的能量，E_V 为空位形成能，E_s 是替位式原子越过势垒所需能量）；k_B 为玻尔兹曼（Boltzman）常量。

替位式杂质原子的扩散要比间隙原子扩散慢得多，并且扩散系数随温度变化很迅速，温度越高，扩散系数值越大。扩散系数除与温度有关外，还与晶体材料本身的结构、扩散机制、扩散物质自身的性质等有关。对于具体的杂质而言，究竟属于哪一种扩散方式，取决于杂质本身的性质。

2.2.4　固溶体

固溶体是指一种组分因"溶解"了其他组分而形成的单相晶态固体。理想固溶体可以看成固态溶液，是构成溶质的原子或离子均匀地分布在溶剂晶体的晶格中，且不破坏基质晶体的结构。

1. 固溶体的分类

1）置换型固溶体和间隙型固溶体

置换型固溶体是指溶质原子（或离子）位于基质晶体的晶格格点位置上，置换（替

代）部分基质晶体的原子（或离子）。间隙型固溶体是指溶质原子（或离子）位于基质晶体的晶格间隙位置上。对于溶质离子半径小，或溶剂晶体结构间隙大的晶体容易形成间隙型固溶体。

2）连续型固溶体和有限型固溶体

固溶度是指固溶体中均匀分布溶质的最大含量，也就是溶质在基质晶体中的极限溶解度。连续型固溶体就是完全互溶固溶体，由两个（或多个）晶体结构相同的组元形成，任一组元的成分范围均为 0~100%。有限型固溶体，或称不连续固溶体或部分互溶固溶体，其固溶度小于 100%。间隙式固溶体一般都是有限型固溶体，而置换型固溶体的固溶度随固溶体系的不同而有很大的差别，可以是连续型固溶体，也可以是有限型固溶体。

2. 影响固溶体固溶度的因素

1）影响置换型固溶体固溶度的因素

（1）离子半径。在结构不改变的情况下，半径相当的离子最容易发生置换固溶。溶质离子太大或太小，都将使晶格畸变能增加，晶格结构更不稳定。设 r_1 和 r_2 分别表示溶剂和溶质离子的半径，并满足：

$$\frac{\Delta r}{r_1} = \left| \frac{r_1 - r_2}{r_1} \right| \tag{2.4}$$

若式中比值小于 15%，则可能形成连续型固溶体；若比值为 15%~30%，则可形成有限型固溶体；若比值大于 30%，则不能形成置换型固溶体。

（2）晶体结构。只有两种晶体的结构类型相同才可能形成连续型固溶体，结构类型不同的两种晶体最多只能形成有限型固溶体。晶格结构相同是形成连续型固溶体的必要条件。

（3）电价因素。形成连续型固溶体，要求两种离子电价（或总电价）必须相等，只有等价离子取代或总电价相等的复合离子取代，才能形成连续型固溶体。当不等价取代时，要保持电中性，则内部必定会生成空位，故只能形成有限型固溶体。当离子价差大于或等于 2 时，不形成固溶体，容易形成化合物。

（4）电负性。离子电负性对固溶体及化合物的生成具有一定的影响，电负性相近有利于固溶体的生成，电负性差别大则倾向于生成化合物。

2）影响间隙型固溶体固溶度的因素

（1）溶质原子的半径小，溶剂晶格结构的空隙大，容易形成间隙型固溶体。

（2）间隙型固溶体只能是有限型固溶体。

（3）温度越高，间隙型固溶体的固溶度越高。

2.2.5 材料的相变

相变是自然界中一种极为常见的现象。在相变附近，物质的结构对外界因素（热、电、磁或力学）的作用表现出极大的敏感性。利用这个特性，相变在近代电子学、自动化技术和功能器件的制造中得到了广泛的应用。本节主要要求掌握相变相关的基本概念及相变的分类。

1. 相变相关的基本概念

1）相

相是指体系内部物理性质和化学性质相同而且完全均匀的部分。相与相之间有明显的界面存在，越过界面，材料性质则有突然的跃变。体系内相的数目用 p 来表示，判断一个体系相的数目，主要看物理性质和化学性质是否相同，完全相同为一个相。一个相与物质的数量多少无关，也与是否连续无关。

2）独立组分

体系中每个可以单独分离出来并能独立存在的化学均匀物质称为物种。能够确定平衡体系中的所有各相组成的最少数目的物种称为独立组分，其数目称为独立组分数（组分数），以符号 n 表示。组分数和物种数概念不同，数目也不一定相同。一般来说，组分数 = 物种数–独立化学平衡数–独立浓度关系数。

3）自由度

平衡体系中，在一定范围内可以任意独立改变而不致引起体系中旧相消失或新相产生的独立变量（温度、压力、组成等）的数目，称为自由度，以符号 f 表示。

4）相律

平衡体系中，体系的自由度数与相数、组分数及影响物质性质的外界因素（如温度、压力、电场、磁场和重力场等）之间关系的规律，称为相律。

在无电场、磁场及重力场作用情况下，相律的一般表达式为

$$f = n - p + 2 \tag{2.5}$$

根据相律公式，可以指出系统在某一定条件下可能出现几相，但不能指出具体的是哪些相，同时可以揭示在条件变化时体系是否或如何产生相变化。

2. 平衡状态图

平衡状态图也称为相图，它是根据实验数据，绘制的系统中状态与温度、压力、组成之间相互关系的图形。根据相图，可以计算任一状态下的自由度，直接了解各变量之间的关系，以及判断在给定条件下相变化的方向和限度。根据组分数的不同，可以分为一元相图、二元相图和三元相图。

3. 相变的分类

当固体的某一特定相在给定的热力学条件下变为不稳定时，它就产生相变。在相变时，系统的自由能保持连续，但热力学量，如熵 S、体积 V、热容 C 等可能产生不连续的变化。根据相变时热力学参数的变化特征，可以对相变加以分类。

埃伦菲斯特（Ehrenfest）根据热力学函数关系广义地定义了相变的等级："一个第 n 级相变就是晶体的吉布斯（Gibbs）自由能 G 的 $n-1$ 阶微商在相变点处是连续的，但第 n 阶微商不连续"。那么，一级相变时体积 V 及熵 S 发生不连续变化，物质凝聚态变化是典

型的一级相变；而 α_p（定压体积热膨胀系数）、β（定温压缩系数）、C_p（定压热容）发生不连续变化，但 V 及 S 均无突变的转变属二级相变。不同晶体中发生的相变大都接近于二级相变，高级相变很少见。

2.3　重点与难点

（1）结构基元的选取原则及晶体点阵结构的确定。

（2）晶胞的特点及四大晶胞类型。

（3）七大晶系和 14 种布拉维点阵的特征。

（4）晶体的宏观与微观对称操作。

（5）对称元素的组合规则及 32 种点群和 230 种空间群。

（6）点群或空间群符号的含义。

（7）根据点群符号或空间群符号，确定晶体中起主导作用的对称元素。

（8）鲍林五大规则基本含义。

（9）根据鲍林规则，掌握典型晶体结构的特征，如金刚石型、岩盐型、萤石型、钙钛矿型和尖晶石型结构等。

（10）理解晶体场效应对晶体结构的影响，根据 CFSE 判断尖晶石型结构中离子的占位情况。

（11）点缺陷符号的含义。

（12）点缺陷准化学反应方程式的书写原则。

（13）常见热缺陷、组分缺陷、杂质缺陷反应方程式的书写。

（14）点缺陷扩散的微观机制。

（15）固溶体的分类及固溶度的影响因素。

（16）固溶体的特性。

（17）相律及相图。

（18）相变分类。

2.4　基本概念与重要公式

1. 基本概念

结构基元	晶胞	点阵	对称性
对称操作	对称元素	点群	空间群
晶体场	CFSE	缺陷	点缺陷
弗仑克尔缺陷	肖特基缺陷	扩散	扩散系数
固溶体	固溶度	连续型固溶体	有限型固溶体
相	物种数	组分数	自由度

2. 重要公式

钙钛矿型结构的容差因子：

$$t = \frac{R_A + R_O}{\sqrt{2}(R_B + R_O)} \qquad (0.77 < t < 1.1)$$

CFSE：

$$CFSE_{八面体} = \left| \frac{3}{5}\Delta ON_{e_g} - \frac{2}{5}\Delta ON_{t_{2g}} \right|$$

$$CFSE_{四面体} = \left| \frac{2}{5}\Delta tN_{t_2} - \frac{3}{5}\Delta tN_e \right|$$

扩散系数：$D = D_0 \exp\left(-\dfrac{E_a}{k_B T}\right)$。

相律：$f = n - p + 2$。

以上公式中各物理量的具体含义请参见教材内容。

2.5　习　　题

1. 请阐述单晶体、多晶体、非晶体及准晶体的结构及性能特点。

2. 有一组点周期性排布在平行六面体的 A、B、C 三个位置，如图 2.6 所示，请问这组点是否构成一个点阵结构？画出这一组点的周期性点阵结构的类型。

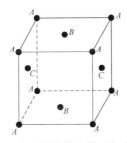

图 2.6　点周期性排布的平行六面体

3. $a \neq b \neq c$，$\alpha = \gamma = 90° \neq \beta$，晶体属于什么晶族和晶系，其布拉维点阵有几种，名称是什么？

4. 有一 AB 型离子晶体，晶胞中 A 和 B 的坐标参数分别为（0，0，0）和（1/2，1/2，1/2），如图 2.7 所示，指明该晶体的结构基元和空间点阵类型。

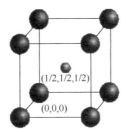

图 2.7　AB 型离子晶体晶胞结构

5. 石墨二维晶体，它是由碳原子构成的等六边形并置的无限延展平面结构，如图 2.8 所示，结构中相邻碳原子间的距离为 0.142 nm，请画出其二维晶胞结构，并指出晶胞中基本向量 a、b 的长度和它们之间的夹角。说明每个晶胞中含碳原子的个数。

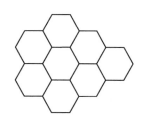

6. 七大晶系包含的点阵类型为什么不是 28 种而是 14 种？

7. α石墨晶体是一种层状结构，层内每个 C 与三个 C 连接形成六方环状网层，上层六方网环的碳原子有一半对着下层六方网环的中心，层的重复规律为 ABAB…，其晶体结构如图 2.9 所示。层状结构中 C 与 C 原子的最近距离为 0.142 nm，层间距离为 0.336 nm。

图 2.8   石墨二维晶体结构示意图

（1）画出该晶体结构的晶胞和点阵结构；

（2）计算点阵常数；

（3）计算晶胞中碳原子的个数。

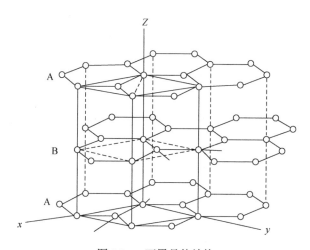

图 2.9   α石墨晶体结构

8. 名称解释：晶胞、对称性、点群。

9. 比较晶体结构和分子结构的对称元素及其相应的对称操作。晶体结构比分子结构增加了哪几类对称元素和对称操作？晶体结构的对称元素和对称操作受到哪些限制？原因是什么？

10. 晶体的微观对称操作的集合可构成多少个空间群？晶体的宏观对称操作集合可构成多少个晶体学点群？这些点群分属于多少个晶系？这些晶系共有多少种空间点阵形式？

11. 已知金刚石立方晶胞的晶胞参数 $a = 356.7$ pm，写出其中碳原子的分数坐标，并计算最小的原子间距和晶体密度。

12. 六方晶体是由具备 6 次旋转轴的六方柱体结合而成的，但为什么六方晶胞不能划分为六方柱体？

13. 分别指出晶体宏观对称性和微观对称性的对称操作类型及其对称元素。

14. 已知石墨和金刚石为同质异构体，它们的空间群分别为 $P6_3/mmc$、$Fd3m$，晶胞如图 2.10 所示。请问：

（1）它们分别属于哪种点阵结构？

（2）计算晶胞中碳原子的个数；

（3）在晶胞结构中 c 轴方向的主要对称操作元素。

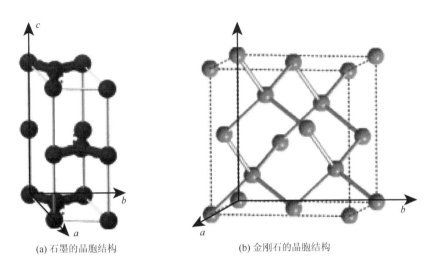

(a) 石墨的晶胞结构　　　　(b) 金刚石的晶胞结构

图 2.10　题 14 图

15. 图 2.11 为 CaF_2 的晶体结构，其点群符号为 $m3m$，请画出该晶体结构的点阵结构，说明该点群符号的含义，并在图中画出主要的对称元素。

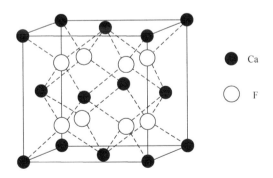

● Ca

○ F

图 2.11　CaF_2 的晶体结构示意图

16. 图 2.12 是 TiO_2 的晶体结构，其空间群符号为 $P4_2/mnm$，

（1）画出该晶体结构的点阵结构；

（2）请说明该空间群符号的含义，并在图中画出 4_2 螺旋轴；

（3）写出该晶体的点群符号。

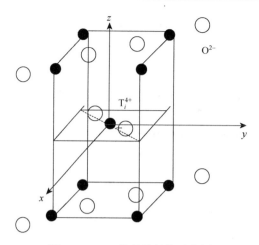

图 2.12   TiO₂ 的晶体结构示意图

17. 金刚石和 ZnS 晶体均为立方结构，分别如图 2.13 所示，其原子占位相同，但其晶体结构的对称性不同，金刚石结构空间群为 Fd3m，而 ZnS 晶体结构空间群为 F$\overline{4}$3m，为什么？

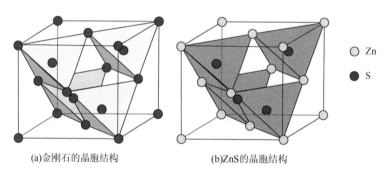

(a)金刚石的晶胞结构   (b)ZnS的晶胞结构

图 2.13   题 17 图

18. ZnS 的晶体结构如图 2.14 所示，其空间群符号为 F$\overline{4}$3m，画图并回答：

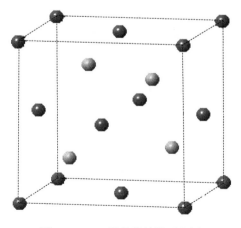

图 2.14   ZnS 的晶体结构示意图

（1）画出该晶体结构的点阵结构；

（2）请说明该晶体的点群符号，并在图中画出 4 次反轴。

19. 已知具有光学活性的晶体必定没有对称面和对称中心，试问属于空间群 $P2_1/c$、$P4_12_12$ 和 $P3_12$ 的晶体中哪些可能具有光学活性？这三种晶体分属哪个点群？点阵类型是什么？

20. 已知具有热释电性质的晶体必定没有对称中心，试问属于空间群 C2 和 C2/c 的晶体中哪个可能呈现热释电效应？

21. 给出下列空间群对应的点群及晶体所属的布拉维点阵。

$$Fd3m，P4_12_12，Aba2$$

22. 什么是鲍林规则？

23. 已知 Nb 为体心立方结构，其密度为 8.57 g/cm^3，计算 Nb 的晶胞常数及原子半径[阿伏伽德罗（Avogadro）常量 $N_A = 6.025 \times 10^{23}$ mol^{-1}]。

24. 金属 Ni 具有立方最紧密堆积的晶体结构，试问：

（1）一个晶胞中有几个 Ni 原子？

（2）若已知 Ni 原子的半径为 0.125 nm，其晶胞的边长为多少？

25. 金属铝属立方晶系，其晶胞边长为 0.405 nm，质量密度为 2.7 g/cm^3，试确定其晶胞的布拉维格子的类型。

26. 氟化锂（LiF）为 NaCl 型结构，测得其密度为 2.6 g/cm^3，计算氟化锂的晶胞参数（阿伏伽德罗常量 $N_A = 6.025 \times 10^{23}$ mol^{-1}）。

27. Li_2O 的结构是 O^{2-} 离子面心立方堆积，Li^+ 离子占据所有四面体空隙位置，O^{2-} 离子半径为 0.132 nm，Li^+ 离子半径为 0.060 nm，

（1）计算 O^{2-} 离子彼此接触时，四面体间隙所能容纳阳离子的最小半径，并根据 Li^+ 离子半径判断 Li_2O 结构中 O^{2-} 离子之间彼此是否接触；

（2）计算 Li_2O 结构的晶胞参数；

（3）计算 Li_2O 晶体的密度。

28. X 射线数据说明 NH_4Cl 有两种晶体结构：一种为 NaCl 结构，$a = 0.726$ nm；一种为 CsCl 结构，$a = 0.387$ nm，当 NH_4Cl 晶体密度为 1.5 g/cm^3 时，请判断该 NH_4Cl 晶体属于哪一种结构？

29. 已知 MgO 为岩盐型晶体结构，其正负离子半径分别为 0.72Å 和 1.4Å，Mg 和 O 的原子量分别为 24.3 和 16，试计算 MgO 的密度。

30. $NaNbO_3$ 为钙钛矿型结构，请利用鲍林规则分析其氧八面体中可能容纳的正离子半径的上、下限分别是多少（$R_{Na^+} = 1.39$Å，$R_{Nb^{5+}} = 0.69$Å，$R_{O^{2-}} = 1.4$Å）？

31. 在一种氧化物中，O^{2-} 离子按照面心立方堆积，分别形成四面体和八面体两种间隙，计算该氧化物晶体结构中四面体间隙数、八面体间隙数及 O^{2-} 离子数之比，并在满足电价平衡的基础上，根据间隙离子填充情况的不同，就下面的情况各举一例。

（1）所有四面体间隙位置均填满；

（2）所有八面体间隙位置均填满；

（3）填充四面体间隙的一半位置；

（4）填充四面体间隙的 $\frac{1}{8}$ 位置及八面体间隙的 $\frac{1}{2}$ 位置。

32. 人们发现某种只含 Mg、Ni 和 C 三种元素的晶体也具有超导性。该晶体的结构可看成 Mg 原子和 Ni 原子一起进行面心立方密堆，它们的排列有序，构成两种八面体间隙，一种由 Ni 原子构成，一种由 Ni 和 Mg 原子一起构成，两种八面体的数量比为 1∶3，C 原子只填充在 Ni 构成的八面体间隙中，试

（1）画出该超导体的晶胞；

（2）写出该超导体的化学式。

33. 已知 ZrO_2 为萤石型立方结构，晶格常数为 $a = 5.07\text{Å}$，试计算其理论密度（Zr 的相对原子量 91.2，O 的相对原子量 16）。

34. Fe 原子序号为 26，请完成：

（1）写出 Fe^{2+} 的核外电子排布；

（2）写出 Fe^{2+} 的 d 轨道电子在八面体的弱场和强场中的排布情况；

（3）计算 Fe^{2+} 在八面体的弱场和强场中的 CFSE 分别为多少？

35. 请利用配位场稳定化能判断 $MnCr_2O_4$ 是正尖晶石型结构还是反尖晶石型结构？

36. AFe_2O_4 中，当二价的 A 离子在 $3d$ 轨道上的电子数分别为 6、7、8 和 9 时，该物质为反尖晶石型结构。想一想为什么？

37. 简述扬-特勒（Jahn-Teller）效应，并说明为什么正八面体弱场配合物 d^4 组态、强场 d^7 组态具有扬-特勒效应？

38. 为什么正四面体配合物 Co^{2+} 比配合物 Ni^{2+} 稳定？

39. 判断 $[Co(CN)_6]^{3-}$ 和 $[Co(CN)_6]^{4-}$ 哪一个更稳定？

40. $[CoF_6]^{3-}$ 的成对能为 $21000\ \text{cm}^{-1}$，分裂能为 $13000\ \text{cm}^{-1}$，试写出：

（1）电子排布；

（2）CFSE 值。

41. 某 $[AB_6]^{n-}$ 型配位化合物，属于 m3m 点群，若中心原子 A 的 d 电子数为 6，试计算 CFSE，并简单说明计算的理由。

42. 已知 $[Co(NH_3)_6]^{2+}$ 的 $\Delta O < P$，而 $[Co(NH_3)_6]^{3+}$ 的 $\Delta O > P$，试解释此区别的原因，并计算两者的 CFSE。

43. 解释分裂能 ΔO 按下列顺序增加的原因：

（1）$[CrCl_6]^{3-}$、$[Cr(NH_3)_6]^{3+}$、$[Cr(CN)_6]^{3-}$；

（2）$[Co(H_2O)_6]^{2+}$、$[Co(H_2O)_6]^{3+}$、$[Rh(H_2O)_6]^{3+}$。

44. 什么是晶体中点缺陷？按照形成原因的不同，点缺陷可以分为哪几类？

45. 写出以下缺陷符号的含义：

$$Li'_{Ni} \quad V_O^{\bullet\bullet} \quad Zn_i^{\bullet\bullet} \quad La_{Ba}^{\bullet}$$

46. 写出下列过程中的缺陷反应方程式：

（1）ZnO 中固溶少量的 Bi_2O_3，写出可能存在的缺陷反应化学方程式；

（2）ZnO 形成弗仑克尔缺陷；

（3）在缺氧条件下，ZnO 晶体由于金属过剩并占据间隙位置形成组分缺陷；

（4）将 ZnO 在 Zn 蒸汽中热处理，得到金属过剩型组分缺陷；

（5）在纯 ZrO_2 中分别固溶 CaO、Y_2O_3，请写出该固溶过程中产生 $V_O^{\cdot\cdot}$ 的缺陷反应方程式。

47. 纤锌矿结构 ZnO 的晶格常数为 $a = 3.243$ Å，$c = 5.195$ Å，某人制备出的 ZnO 晶体的实测密度为 5.47 g/cm^3，请问其中形成了什么缺陷？并计算每个晶胞中缺陷的数量（Zn、O 的相对原子量分别为 65、16）。

48. MgO 为岩盐型结构，其密度为 3.58 g/cm^3，晶格常数为 4.2Å，试求每个 MgO 晶胞内所含肖特基缺陷的数目（Mg、O 的相对原子量分别为 24、16）。

49. 将岩盐型结构的 NiO 在氧气中加热，得到 $Ni_{1-x}O$，实验测得其晶格常数为 4.157Å，密度为 6.47 g/cm^3，请

（1）写出形成该非化学计量比缺陷的表达式；

（2）计算 x 的值；

（3）$Ni_{1-x}O$ 中 Ni 占据氧八面体间隙的比例是多少？

（4）Ni-Ni 的最短距离是多少（Ni 的相对原子量为 58.7，O 的相对原子量为 16）？

50. 在 CaF_2 晶体中，弗仑克尔缺陷和肖特基缺陷的形成能分别为 2.8 eV 和 5.5 eV，试计算在 25℃和 1200℃下这两种热缺陷的浓度（摩尔分数）。

51. 已知 NaCl 晶体中形成一对正负离子空位的缺陷形成能为 2.54 eV，试计算在 725℃条件下肖特基缺陷的浓度（摩尔分数）。

52. 在高温条件下，Al^{3+} 在 Al_2O_3 中的扩散系数 $D_0 = 2.8\times10^{-3}$ m^2/s，激活能为 477 kJ/mol，而 O^{2-} 在 Al_2O_3 中的扩散系数 $D_0 = 0.19$ m^2/s，激活能为 636 kJ/mol。

（1）分别计算两者在 2000K 温度下的扩散系数 D；

（2）说明它们扩散系数不同的原因。

53. 试说明固体混合物、固溶体、化合物和非化学计量比化合物之间的联系和区别。

54. 简述影响置换型固溶体固溶度的因素有哪些？当 $BaTiO_3$ 与 $SrTiO_3$ 复合时，能形成连续型固溶体吗？

55. 实验表明，Al_2O_3 陶瓷的晶格中可固溶少量的 ZrO_2 和 MgO。

（1）试写出固溶摩尔分数 0.2 %ZrO_2 后 Al_2O_3 晶体的化学组成的表达式及相应的缺陷反应方程式；

（2）同时固溶 ZrO_2 和 MgO，要使 Al_2O_3 晶体中不出现空位缺陷，两种物质的摩尔比是多少？

56. CeO_2 为萤石型结构，固溶摩尔分数 15 %CaO 后可以分别得到置换型和间隙型两种固溶体，CeO_2 晶胞参数 $a = 0.542$ nm，且忽略固溶前后晶胞体积的变化，请写出形成这两种固溶体的缺陷反应方程式和固溶体化学式，并分别计算两种固溶体的密度（相对原子量 Ce = 140.2，Ca = 40.08，O = 16.0）。

57. 用摩尔分数 20%的 YF_3 加入 CaF_2 中形成固溶体，实验测得固溶体的晶胞参数为 0.55 nm，密度为 3.64 g/cm^3，试计算说明固溶体的类型（相对原子量 Y = 88.9，Ca = 40.08，F = 19）。

58. 高温下 Al_2O_3 溶入 MgO 中可形成有限型固溶体，若在 1995℃时，MgO 中固溶质量分数为 18%的 Al_2O_3，且 MgO 晶胞尺寸的变化可以忽略不计，试分析 O^{2-} 为填隙离子和

Al^{3+} 为置换离子时，MgO 晶体的质量密度的变化情况。

59. 某 NiO 晶体中存在阳离子空位，其组成可表示为 $Ni_{0.97}O$，试计算该晶体中 N_i^{2+} 和 N_i^{3+} 的数量比。

60. 假设晶体中点缺陷周围没有显著晶格畸变，试分析氧分压和温度变化对 $Fe_{1-x}O$ 和 $Zn_{1+x}O$ 等氧化物晶体密度的影响。

61. ZrO_2 晶体为萤石型结构，Zr^{4+} 离子形成面心立方结构，O^{2-} 离子填充四面体间隙位置。现向 ZrO_2 晶体中固溶氧化钙形成固溶体，每 6 个 Zr^{4+} 离子同时有 1 个 Ca^{2+} 离子加入就可能形成一立方晶格的 ZrO_2 晶体。计算：

（1）100 个阳离子需要多少氧离子存在？

（2）四面体间隙位置被占据的百分比为多少？

62. 根据离子半径、电价及结构类型，分析 MgO-CaO、Al_2O_3-Cr_2O_3、MgO-Cr_2O_3 形成的固溶体类型及固溶度的大小。

63. 查阅资料从 SiO_2 的多晶转变现象说明 SiO_2 制品中为什么经常出现介稳态晶相？

64. n 级相变如何定义？分别说明一级相变和二级相变的基本特征。

65. 下列体系的自由度各是多少？

（1）$MgCO_3$（固）$\Longrightarrow$ MgO（固）$+CO_2$（气）；

（2）CO_2（气）、CO（气）、C（固）之间有化学反应联系；

（3）CO_2（气）、CO（气）、C（固）、N_2（气），其中 N_2 不参加反应。

第3章

电子材料的电导

3.1 基 本 要 求

理解各种导电机制及影响因素；掌握不同材料电导特性的差异，特别是不同电子材料的结构与电导特性的内在联系；掌握固体材料中载流子的产生过程，弄清载流子浓度和迁移率的影响因素，熟练计算不同条件下自由载流子的浓度及材料的电导率；了解界面及表面效应对导电特性的影响及相关应用，了解超导体的主要性质与应用。

3.2 主 要 内 容

3.2.1 电导的物理参数与分类

在外电场的作用下，材料内有一定的电流通过，表征材料导电能力的物理参数是电导率或电阻率。从微观角度来看，带电粒子在电场下的定向运动形成了电流，因此材料的电导率与带电自由粒子的多少即载流子浓度 n_i、载流子的电量 q_i 和载流子在电场中的迁移速度即载流子迁移率 μ_i 相关，即

$$\sigma = \sum_i n_i q_i \mu_i \tag{3.1}$$

根据载流子种类的不同，电子材料电导的种类可分为电子电导和离子电导。由于运动的电子在磁场作用下，受到洛伦兹力的作用，电子电导的特征具有霍尔效应；而当载流子主要是离子时，离子在电场的作用下发生迁移并在电极附近发生电子的得失而产生新的物质，故离子电导的特征是存在电解效应。

根据导电能力的不同，大致可将材料分为导体、半导体和绝缘体三大类。在实际测试中，为了避免样品表面环境对高阻试样导电能力的影响，常采用三端法来测量高阻材料的体积电阻率；为消除接触电阻对低阻试样导电能力的影响，则采用四探针法来测量材料的电阻。三端法测量体积电阻率的原理如图 3.1 所示，四探针法测量电阻的原理图如图 3.2 所示，电阻率 ρ 和电导率 σ 的计算公式分别为

$$\rho = \frac{\pi(r_1 + r_1)^2}{4h} \times \frac{V}{I} \tag{3.2}$$

$$\sigma = \frac{I}{2\pi V}\left(\frac{1}{l_1} + \frac{1}{l_3} - \frac{1}{l_1 + l_2} - \frac{1}{l_2 + l_3}\right) \tag{3.3}$$

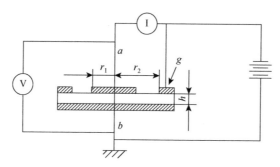

图 3.1　三端法测量体积电阻率

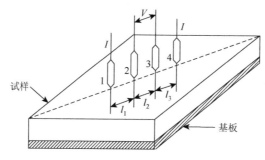

图 3.2　四探针法测量电阻

3.2.2　离子电导

离子电导的载流子主要是离子。因此，只有具备离子缺陷浓度大，且参与电导、电子载流子的浓度小这两个条件的离子晶体才具有离子电导的特性。具有离子电导特性的固体物质称为固体电解质。

1. 离子载流子的来源

（1）本征热激发形成的本征离子缺陷：如肖特基缺陷或弗仑克尔缺陷，其空位或填隙离子的平衡浓度 n 与缺陷形成能 E 有关，即与晶体结构相关。

（2）杂质离子：杂质离子的引入使晶体点阵发生畸变，杂质离解活化能变小，故在低温下载流子浓度主要由杂质离子决定。

2. 离子载流子的运动

离子扩散主要依靠空位扩散和间隙扩散两种机制进行。通常离子的体积和质量比电子大得多，在固体中难以移动。但若材料结构上可形成导电离子通道，具有结构缺陷有利于离子空位的迁移，离子在相等能量位置上可发生连续转移，则带电的离子在外电场的作用下可做定向运动，形成电流。离子迁移率主要与温度和扩散时所需克服的势垒 u_0 有关。以电量为 q、振动频率为 v_0 的间隙离子在间距为 δ 的晶格间隙中的扩散为例，推导可知离子载流子的迁移率为

$$\mu = \frac{\nu_0 q \delta^2}{6 k_B T} e^{-\frac{u_0}{k_B T}} \qquad (3.4)$$

式中：k_B 为玻尔兹曼常数。

在外加电场的作用下，离子发生定向移动的同时其浓度梯度也发生了变化。达到平衡时，由载流子离子浓度梯度所形成的电流密度与电场作用下的电流密度大小相等、方向相反。据此可推导出离子电导率与扩散系数 D 的关系，即如下所示的能斯特–爱因斯坦（Nernst-Einstein）方程：

$$\sigma = D \frac{n q^2}{k_B T} \qquad (3.5)$$

由此，可以得到离子迁移率与扩散系数的关系为

$$\mu = \frac{D q}{k_B T} \qquad (3.6)$$

3. 影响离子电导率的主要因素

结合离子载流子的产生和运动可知，影响离子电导率的主要因素有温度、晶体结构、晶格缺陷。

3.2.3　电子电导

电子电导的主要载流子是电子或空穴，由于电子或空穴的迁移率比离子迁移率大得多，且杂质所束缚的电子的离解能比弱束缚离子小，更容易被激发，多数电子材料的电导主要为电子电导。电子电导中载流子的来源主要为金属的价电子、热激发产生的本征电子及空穴、杂质缺陷或组分缺陷电离形成的电子或空穴等。因为自由电子或空穴在晶体中的运动会受到晶格散射和杂质散射的作用，所以其迁移率与晶体结构、温度、杂质等各种因素相关。

1. 载流子的产生及其浓度

对于金属键结合的金属材料，其中存在大量的自由电子且自由电子的分布服从费米–狄拉克（Fermi-Dirac）分布，基态下电子的运动状态在波矢空间的分布形成费米球。由于泡利原理的限制，远离费米面的电子被冻结，只有费米面附近的电子能被激发参与导电并决定金属的电导特性。费米面上电子的能量（费米能量 E_F）与速度（费米速度 ν_F）分别为

$$E_F = \frac{\hbar^2}{2m} k_F^2 = \frac{\hbar^2}{2m} (3\pi^2 n)^{2/3} \qquad (3.7)$$

$$\nu_F = \frac{\hbar k_F}{m} = \frac{\hbar}{m} (3\pi^2 n)^{1/3} \qquad (3.8)$$

式中：m 为电子质量；k_F 为费米波夭；n 为电子浓度。

相应地，这些电子所形成的电流密度为

$$j = e n_F \nu_F = e \left[N(E_F) \Delta E \right] \nu_F = e \left[N(E_F) e \nu_F \tau E_x \right] \nu_F = e^2 \nu_F^2 \tau N(E_F) E_x \qquad (3.9)$$

式中：e 为电子电量；n_F 为费米面附近的电子浓度；$N(E_F)$ 为费米能级的态密度。

在外加恒定电场作用下，自由电子费米球以均匀速率漂移，考虑到电子所受的碰撞，可得到自由电子的电导率为

$$\sigma = \frac{ne^2\tau}{m} \tag{3.10}$$

其中，自由电子的弛豫时间 τ 主要由电子-声子和电子-杂质缺陷间的碰撞决定。根据马西森（Matthiessen）定则，在杂质缺陷浓度不太高时，各种碰撞机制可以单独处理，因此对于含有少量杂质缺陷的金属，其电阻率为热声子所引起的电阻率 $\rho_l(T)$ 与静态缺陷引起的剩余电阻率 ρ_i 之和。

对于共价键或离子晶体，载流子的产生与本征热激发、杂质能级的上电子/空穴的跃迁、组分缺陷的电离等密切相关。根据本征电子缺陷、杂质缺陷、组分缺陷等各种缺陷形成能及活化能的不同，不同的条件下，材料的电导率将发生较大的变化。

对于本征半导体，其载流子是由本征热激发所产生的热平衡载流子，自由电子浓度 n_e 和空穴浓度 n_h 与材料的禁带宽度 E_g 之间的关系如下：

$$n_e = n_h = \left(N_C N_V\right)^{1/2} \exp\left(-\frac{E_g}{2k_B T}\right) = N \exp\left(-\frac{E_g}{2k_B T}\right) \tag{3.11}$$

式中：N_C、N_V、N 分别为导带、介带有效状态密度及等效状态密度。

这些热平衡载流子——电子和空穴都参与导电，因此本征半导体的电导率为

$$\sigma = n_e e\mu_e + n_h e\mu_h = N \exp\left(-\frac{E_g}{2k_B T}\right) e\left(\mu_e + \mu_h\right) \tag{3.12}$$

式中：μ_e、μ_h 分别为电子和空穴的迁移率。

对于含有杂质的共价键或离子键晶体，一方面，本征热激发会产生载流子；另一方面，由于异价原子的引入，周期性势场受到干扰，从而在禁带中形成杂质能级。当杂质能级上的电子或空穴激发到导带或价带中时，它们成为载流子，对半导体及绝缘体的电导特性产生显著影响。然而不是所有的杂质都电离，杂质电离取决于杂质能级和晶格温度。因此，需要知道在施主中具有能量 E_D 的一个状态中找到一个电子的概率函数 $f_D(E_D)$，这个概率函数与费米-狄拉克分布函数相似；但由于施主的电子态只能容纳具有自旋向上或向下的一个电子，不能容纳两个电子，$f_D(E_D) = \dfrac{1}{1 + \dfrac{1}{g_D}\exp\left(\dfrac{E_D - E_F}{k_B T}\right)}$，可得电离的施主浓度 n_D^+ 和

电离的受主浓度 p_A^- 分别为

$$n_D^+ = N_D[1 - f_D(E_D)] = \frac{N_D}{1 + g_D \exp\left(\dfrac{E_F - E_D}{k_B T}\right)} \tag{3.13}$$

$$p_A^- = \frac{N_A}{1 + g_A \exp\left(\dfrac{E_A - E_F}{k_B T}\right)} \tag{3.14}$$

式中：g_D、g_A 分别为施主和受主能级的基态简并度；N_D、N_A 分别为施主、受主掺杂浓度；E_D、E_A 分别为施主、受主能级。对于 Si、Ge，$g_D=2$，$g_A=4$。

因此，含有杂质的共价键或离子键晶体的电中性条件为

$$n_e + p_A^- = n_h + n_D^+ \tag{3.15}$$

对于绝缘体材料，由于其禁带宽度较大，常温下本征热激发的本征载流子极少，可忽略不计，材料电阻率大；当绝缘体中含有杂质且杂质能级的电离能较低时，常温下杂质能级上的电子或空穴受到热激发成为载流子，此时这些禁带宽度大的绝缘体因掺杂而转变为半导体。对于掺杂的半导体，载流子由本征热激发的本征载流子和杂质电离提供的电子或空穴两部分所构成，两者在不同情况下在总载流子中所占比例不同，需分情况讨论。例如，对于 n 型半导体材料，由式（3.15）可知，在低温区时，导带中的电子主要来源于杂质原子的电离，其浓度为 $n_e \approx n_D^+ = \left(\dfrac{N_C N_D}{2} \right)^{1/2} \exp\left(-\dfrac{E_C - E_D}{2k_B T} \right)$（$E_C$ 为导带底能量）；随着温度的升高，杂质全部电离，杂质电离提供的载流子恒定，当本征激发的载流子浓度 n_i 较低时，杂质半导体中的载流子浓度恒定不变，$n_e \approx N_D$；当温度很高时，本征激发占主导，此时 $n_e \approx n_h \approx n_i \gg N_D$，杂质半导体的行为类似于本征半导体，故 n 型杂质半导体的载流子浓度随温度的变化如图 3.3 所示。

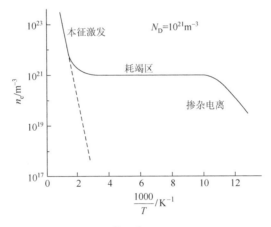

图 3.3　施主杂质浓度为 $10^{21}\ \mathrm{m^{-3}}$ 的 Si 中电子浓度与温度的关系

某些离子晶体容易偏离化学计量比，导致组分缺陷的形成如离子空位或间隙离子。在这些非化学计量比的离子晶体中，除了本征热激发和杂质缺陷电离可以产生载流子，还需考虑组分缺陷的存在所起到的施主或受主作用而形成的载流子。以阴离子空位型非化学计量比氧化物 $MO_{1-\delta}$ 为例，其中存在氧离子空位，它相当于带正电荷的中心，能束缚电子。当这些被束缚的电子受激发跃迁到导带中时，就成为载流子。因此，由于组分缺陷的存在所产生的载流子就与环境的氧分压、缺陷的电离程度密切相关，可以采用缺陷化学的方法对其进行分析。首先根据非化学计量比化合物形成的原因写出相应组分缺陷的缺陷反应方程式，然后根据质量作用定律得到各缺陷反应的化学平衡常数，结合电中性方程就可以分析出各种组分缺陷及其所形成的载流子的浓度。总之，在离子晶体中，通过研究晶体中各

种缺陷的种类、浓度与温度、氧分压和杂质之间的关系，采用缺陷化学的方法可以较好地分析材料的导电特性。

离子晶体中的缺陷包括：①本征电子缺陷，这是由热激发所形成的自由电子和空穴，其浓度与材料的禁带宽度之间的关系为 $n_e = n_h = N \exp\left(-\dfrac{E_g}{2k_B T}\right)$；②本征离子缺陷，是指由热激发所产生的弗仑克尔缺陷或肖特基缺陷，其浓度与缺陷形成能有关，此类缺陷能否成为载流子，主要与其扩散的难易程度相关，取决于材料的结构；③杂质缺陷，施主或受主掺杂所形成的缺陷，其所束缚的电子或空穴被激发后可参与导电，相应的电子或空穴的浓度与杂质电离能、杂质浓度和温度相关；④组分缺陷，由于化学组成的偏离形成的晶格缺陷，这些晶格缺陷同样会束缚电子或空穴，弱束缚的电子或空穴受激发到导带或价带后成为自由的电子或空穴，参与导电，其浓度与氧分压、温度、电离能密切相关。

2. 电子迁移率

电子电导的载流子是电子或空穴。晶格热振动、杂质的引入、位错等都会使晶体的周期性遭受破坏，从而阻碍电子的运动。晶格场中电子的迁移率为 $\mu_e = \dfrac{e\tau}{m_e^*}$，因此电子的迁移率与材料的性质和电子平均自由运动时间 τ 相关。平均自由运动时间 τ 则由载流子所受的散射强弱决定。主要的散射机制有晶格散射和电离杂质散射两种。随温度的升高，晶格散射增强，电离杂质散射减弱。电离杂质散射还随掺杂浓度的增加而增强。晶格散射和电离杂质散射对迁移率的影响可分别表示为

$$\mu_L = aT^{-3/2}, \qquad \mu_I = bT^{3/2}$$

3. 影响电子电导率的主要因素

根据式（3.1）可知，影响电子电导率的主要因素有温度、晶体结构、缺陷（包括本征电子缺陷、杂质缺陷、组分缺陷）这几个方面。显然，当材料的晶体结构发生转变时，其电导率在相变点附近会发生变化。有的物质甚至会因为晶体结构的变化使得材料的导电性发生很大的变化，如 VO_2 等在低温下电导率随温度的变化表现出绝缘体或半导体的特征，而在转变温度以上则表现出金属的特征，即金属-绝缘体（或半导体）相变。

3.2.4　表面、界面效应

晶体中原子的周期性排列在晶体表面发生中断，形成不同于体内结构的各种表面结构。相应地，表面成分和表面电荷分布也会发生变化，在晶体的表面形成表面能级。表面能级的存在会使晶体表面与晶体体内的载流子间发生转移，从而影响材料的电导特性。

界面是指介于两相之间的一个小区域，它与界面两边的物质性质有关，还与界面内物质的化学组成、物理结构和电子状态有关。例如，多晶材料中，晶粒和晶粒相接触的区域——晶界就是一种界面。在多晶材料中，晶界、气孔的存在使得多晶材料的电导特

性与单晶材料有所不同。一般来说,电子陶瓷总的电导率 σ 与各相的体积分数 V_i 和电导率 σ_i 之间符合对数混合法则,即

$$\ln \sigma = \sum_i (V_i \ln \sigma_i)$$

当晶粒和晶界之间的电导率、介电常数、多数载流子差异很大时,晶粒和晶界之间往往产生相互作用,引起电子陶瓷材料特有的晶界效应,如压敏效应、正温度系数热敏电阻(PTCR)效应等,这些晶界效应在半导体敏感陶瓷中得以广泛应用。另外,p 型半导体与 n 型半导体结合在一起产生的界面即 p-n 结是诸多半导体器件的基础。

1. 表面效应

半导体的表面能级与半导体的费米能级不同,为了达到平衡状态,表面能级将作为施主或受主与半导体内部产生电子的转移,在表面附近形成表面空间电荷层。根据表面和体内载流子浓度的差异,空间电荷层可分为 4 种(以 n 型半导体为例,n_s、p_s 分别为平衡时半导体表面的电子和空穴浓度;n_b、p_b 分别为平衡时半导体体内的电子和空穴浓度)。

(1)积累层:$n_s > n_b$,即空间电荷层中多数载流子浓度比体内高。电子(多数载流子)在空间电荷层中聚集,表面电荷为正电荷,空间电荷层的静电势能降低。

(2)中性层:$n_s = n_b$,能带不发生弯曲。

(3)耗尽层:$n_s < n_b$,$p_s \ll n_b$,空间电荷层中多子类型不变,但浓度比体内小,意味着电子将从空间电荷层流走,此时表面层的电荷为负,空间电荷层的静电势能升高。

(4)反型层:$p_s > n_b$,空间电荷层中的多子类型与体内不同,即 n 型半导体的空间电荷层转变为 p 型层,表面层的过剩负电荷很多。

当半导体表面吸附不同类型和数量的气体分子时,形成不同的空间电荷层,使得材料的表面电导率发生改变。例如,对于 n 型半导体,如图 3.4 所示,当表面吸附受主型气体分子时,由于吸附分子的电子亲和力比半导体的功函数大,分子将从半导体表面得到电子而带负电,即发生负电吸附。为了保持表面区的电中性,从表面向体内形成指数衰减的表面电位,该电位的分布满足泊松(Poisson)方程:

$$\frac{d^2 V}{dz^2} = -\frac{\rho_e(z)}{\varepsilon \varepsilon_0} \tag{3.16}$$

式中:ε 和 ε_0 分别为半导体介电常数和真空介电常数;电荷密度 $\rho_e(z) = eN_D^+$,N_D^+ 为电离的施主掺杂浓度。假设掺杂半导体体内的电子密度为 n_e^b,则在单位面积内 $en_e^b r = eN_D^+ r$。结合两个边界条件[①设空间电荷层的厚度为 r,则从表面到距表面 r 处,能带由弯曲到与正常的体相相同,即 $z = r$ 时,$V(z) = 0$;②设表面的电位为 V_S,即 $z = 0$ 时,$V(z) = V_S$],求解式(3.16)可以得

$$r = \sqrt{\frac{2\varepsilon \varepsilon_0 V_S}{en_e^b}} \tag{3.17}$$

由式(3.17)可见,对于金属,因其载流子浓度高达 10^{22} cm^{-3},故空间电荷区被限制在表面最外单原子层内,其表面电位 V_S 和 r 都很小。对于半导体,其载流子浓度比金属低,室温下为 $10^{10} \sim 10^{16}$ cm^{-3},因此在半导体表面存在具有一定势垒高度且能穿入体内一

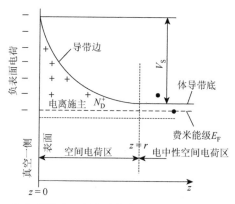

图 3.4　负电吸附时 n 型半导体表面空间电荷层结构示意图

定深度的空间电荷区,导致表面附近的能带结构发生弯曲,使得半导体器件对环境变化尤为敏感。图 3.4 中的空间电荷层中的多数载流子浓度比体内少,为耗尽层,故而当 n 型半导体发生负电吸附时,材料表面电导率下降。利用表面电导率的变化可以做表面控制型气敏元件来检测各种气体的存在和浓度。

　　图 3.5 为 n 型半导体因表面吸附形成不同空间电荷层时,表面能带弯曲和载流子密度分布示意图。图中 A_s、D_s 分别为表面受主和施主的浓度;E_D 为体施主能级;n 和 p 为电子和空穴浓度,下标 i、b、s 分别代表本征、体相和表面。

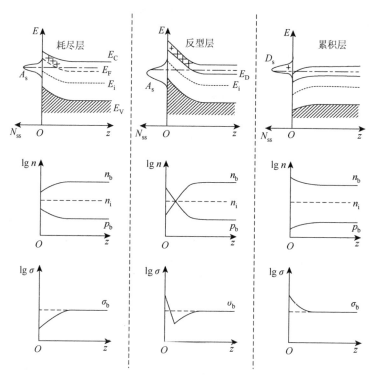

图 3.5　n 型半导体表面能带弯曲和载流子密度分布示意图

E_i 为本征费米能级;E_C 为导带底能量;E_V 为价带顶能量

对 n 型半导体，表面吸附受主时，能带向上弯曲，多数载流子密度在表面减少并低于体密度 n_b，形成耗尽层，表面电导率 σ_s 低于体电导率 σ_b。如果表面吸附受主并使得能带向上弯曲特别明显，以致费米能级接近价带顶，表面电子密度 n_s 低于本征值 n_i，表面空穴密度 p_s 却超过体内 p_i 且大于电子本征密度 n_i，此时空间电荷区中的多数载流子不再是电子而转变为空穴，即形成反型层。表面吸附施主时，能带向下弯曲，表面处的导带变更接近费米能级，多数载流子密度在表面区积累，形成积累层，表面电子密度 n_s 高于体密度 n_b，导致表面电导率 σ_s 增加。

对于 p 型半导体，表面吸附受主或施主时的情况正好与 n 型半导体相反。

2. 界面效应

以 n 型多晶半导体材料为例，当其在氧化气氛中缓慢冷却或将受主杂质扩散到晶粒边界时，在晶界处形成受主面电荷。受主表面态的存在使得晶粒中靠近晶界处形成了电子耗尽层，能带在晶粒相接触的晶界处发生弯曲，形成对电子的势垒，即在晶粒界面产生双肖特基势垒。该势垒根据材料本身特性的不同对材料的电导特性产生显著影响，表现出压敏效应、效应等晶界效应。

对于 ZnO 压敏电阻，晶界处极薄层内形成了电子耗尽层，在较低电压作用下，双肖特基势垒发生不对称倾斜（受正向偏压的势垒将降低，受反向偏压的势垒将升高），从负端注入的电子越过受正向偏压的势垒被界面能级俘获，这些被俘获的电子因热激发跨越受反向偏压的势垒流入正端，因此形成的电流很小。当电压超过阈值电压时，界面俘获的电子直接隧穿势垒形成传导电流，使得电流急剧增大，从而表现出对电压变化敏感的非线性电阻效应——压敏效应，其电流 I 和电压 V 之间的关系为 $I = CV^{\alpha}$，其中 α 为非线性系数；C 为与材料特性相关的常数。

对于半导化的 $BaTiO_3$ 陶瓷，当其晶界上存在受主表面态时，在晶界两侧形成对称的双肖特基势垒，根据式（3.17）其高度为

$$\phi_0 = \frac{e^2 N_D}{2\varepsilon_{\text{eff}}\varepsilon_0} r^2$$

由于 $BaTiO_3$ 是铁电体，在居里（Curie）温度以下时材料为铁电相，介电常数 ε_{eff} 很高，在居里温度以上时则转变为顺电相，介电常数降低。因此，相转变前后半导化 $BaTiO_3$ 陶瓷的晶界势垒发生显著变化，从而使得陶瓷的电阻率在居里温度附近随温度的上升急剧增大，呈现出 PTC 效应。

利用这些晶界效应对材料电导特性的影响，可以做各种过压、过流保护器件和敏感器件；还可以利用晶界和晶粒阻抗特性的不同制备大容量的晶界层电容器等。

 拓 展

金属–半导体接触的电特性

金属与半导体的能带图如图 3.6（a）所示，其中功函数 Φ 是从晶体内部取出一个电子

所需的最小能量，即真空能级 E_0 与费米能级 E_F 的能量差。电子亲和能 χ 为真空能级 E_0 与导带底能量值 E_C 间的差值。由于清洁的金属和半导体表面的功函数和费米能级不同，当两者紧密接触时，会出现欧姆接触和肖特基接触两种情况。

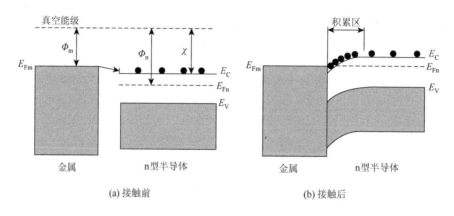

(a) 接触前   (b) 接触后

图 3.6 $\Phi_m < \Phi_n$ 时，金属与 n 型半导体接触前后的能带图

1. 欧姆接触

如图 3.6 所示，当金属功函数 Φ_m 小于 n 型半导体功函数 Φ_n 时，金属中高能电子会向 n 型半导体移动，从而在金属和半导体的界面处形成电子的积累层，半导体的能带发生弯曲，最终达到平衡时金属的费米能级 E_{Fm} 与半导体的费米能级 E_{Fn} 相等，在界面处没有势垒，载流子可以经过金属-半导体的界面自由移动，从而形成欧姆接触。显然，积累层中的过剩电子提高了半导体在该区的电导率，当在这种结构的金属-半导体上施加电压时，电流由半导体体区电阻决定。

当金属与 p 型半导体接触时，如果金属功函数 Φ_m 大于 p 型半导体功函数 Φ_p，也会形成欧姆接触。

2. 肖特基接触

当金属功函数 Φ_m 大于 n 型半导体功函数 Φ_n 时，电子将从费米能级高的 n 型半导体流动到金属中较低的空能级并积聚在金属的表面附近，如图 3.7 所示。在半导体中出现电子耗尽层，该区域主要由带正电的电离施主构成。这样，金属和半导体之间建立起了接触势 V_0，形成了如图 3.7 所示的内建电场 E_0 和能带弯曲。产生的内建电场会阻止半导体中的电子向金属的进一步流动，最终达到动态平衡，此时金属和半导体的费米能级相同。这种接触称为肖特基接触。由于内建电场的方向是从半导体体内指向表面的，从半导体体内到表面，电势下降，电子的电势能增加，能带向上弯曲，形成势垒区。势垒区电子从金属移动到半导体所需克服的势垒的高度称为肖特基势垒高度 Φ_B。势垒区是一个高阻的区域，也称为阻挡层。

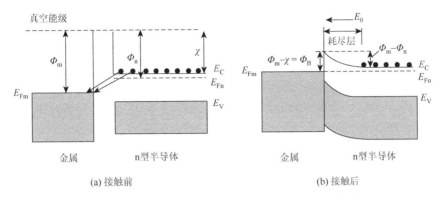

(a) 接触前　　　　　　　　　　　　　　　(b) 接触后

图 3.7　$\Phi_m > \Phi_n$ 时，金属与 n 型半导体接触前后的能带图

如图 3.8 所示，在正偏压作用下，能带弯曲减弱，电子从半导体向金属运动的势垒减小，形成正向电流。其电流大小为

$$
\begin{aligned}
I &= C \exp\left[-\frac{e(V_0 - V)}{k_B T}\right] - C \exp\left(-\frac{eV_0}{k_B T}\right) \\
&= C \exp\left(-\frac{eV_0}{k_B T}\right)\left[\exp\left(\frac{eV}{k_B T}\right) - 1\right] \\
&= I_0 \left[\exp\left(\frac{eV}{k_B T}\right) - 1\right]
\end{aligned}
\tag{3.18}
$$

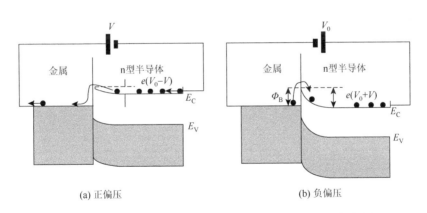

(a) 正偏压　　　　　　　　　　　　　　　(b) 负偏压

图 3.8　$\Phi_m > \Phi_n$ 时，金属与 n 型半导体接触在偏压下的能带图

在负偏压作用下，电子从半导体到金属移动所需跨越的势垒增加至 $e(V_0 + V)$，阻止了半导体一侧的电子向金属流动；而电子从金属到半导体所需克服的势垒 Φ_B 几乎不受外加反向偏压的影响，因此反向电流基本上是由于电子克服势垒 Φ_B，从金属到半导体的热发射所致，其值很小且几乎不变。这种金属与 n 型半导体接触的 I-V 特性如图 3.9 所示，具有整流的性质，与 p-n 结类似。

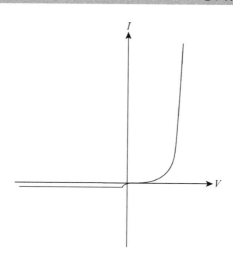

图 3.9   肖特基接触的 *I-V* 特性示意图

当金属与 p 型半导体接触时，如果金属功函数 Φ_m 小于 p 型半导体功函数 Φ_p，也会形成肖特基接触。

3. 泽贝克效应与佩尔捷效应

不同金属或半导体连接在一起，由于两端温度差ΔT 建立起电势差ΔV 的效应称为泽贝克（Seebeck）效应。泽贝克电压ΔV 与热冷端的温度差ΔT 成正比，其比例系数 $S\left(S=\dfrac{\Delta V}{\Delta T}\right)$ 为泽贝克系数。值得指出的是对于半导体和金属，产生泽贝克效应的机理是不同的。

1）半导体的泽贝克效应

半导体中载流子的浓度与温度密切相关。当半导体两端存在温度差时，高温区的载流子浓度高，在半导体中造成了载流子浓度的梯度，因此热端的载流子向冷端扩散，引起电荷分离，从而在半导体内部建立电场 E_0，温差电场 E_0 又会阻止电荷进一步分离。当由载流子浓度梯度 Δn 引起的扩散电流与温差电场引起的传导电流相互抵消（即 $\sigma E_0 = eD\Delta n$）时，达到稳定状态，在半导体的两端就出现了由温度梯度所引起的温差电动势。p 型半导体的温差电动势的方向是从低温端指向高温端；n 型半导体的温差电动势的方向是从高温端指向低温端。因此，利用温差电动势的方向即可判断半导体的导电类型。

 拓 展

在有温度差的半导体两端产生的内建电势 *V* 使得半导体的能带倾斜，如同对无温差的 p 型半导体施加一个外电压 *V* 一样（图 3.10）。此时，看似温差电动势（泽贝克电压）应等于半导体两端费米能级的差 $E_\mathrm{Fm2}-E_\mathrm{Fm1}$。然而，还要考虑到半导体的费米能级会随着温度的变化呈现出如图 3.11 所示的变化。因此，在半导体两端存在温度梯度ΔT 时，其能带图如图 3.12 所示，图中 V_s 即半导体两端的温差电动势ΔV，其值高于内建电势。

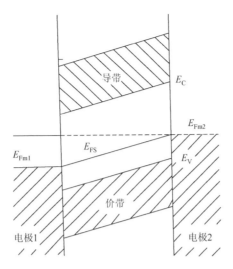

图 3.10　p 型半导体施加外电压 V 时的能带（左端为正）

（E_{FS} 为半导体的费米能级；E_{Fm1}、E_{Fm2} 分别为半导体两端金属的费米能级）

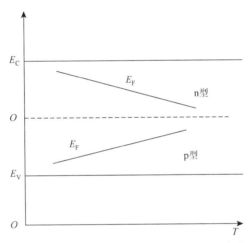

图 3.11　半导体 Si 的费米能级 E_F 随温度的变化

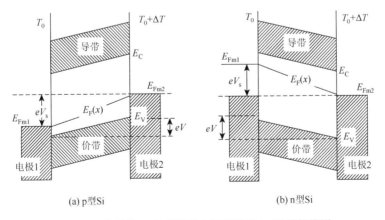

图 3.12　半导体 Si 的两端存在温度梯度 ΔT 时的能带图

此外，载流子在扩散过程中还会与声子发生碰撞，因此还需要考虑声子对半导体泽贝克效应的影响。若热端的声子数多于冷端，则声子也将从高温端向低温端扩散，并在扩散过程中可与载流子碰撞，把能量传递给载流子，从而加速了载流子的运动。这种声子的拖曳作用会增加载流子在冷端的积累，进而增强泽贝克效应。因此，对于半导体，泽贝克效应的产生主要与载流子热扩散和声子拖曳相关，半导体的泽贝克效应较显著。一般，半导体的泽贝克系数为数百微伏/开，这要比金属的高得多。

2）金属的泽贝克效应

因为金属的载流子浓度和费米能级的位置基本上都不随温度而变化，所以金属的泽贝克效应很小，见表 3.1。

表 3.1　一些金属的泽贝克系数　　　　　　　　　（单位：27℃）

金属	Al	Na	K	Cu	Au	Pd	Pt
$S/(\mu V/K)$	−1.7	−6.3	−13.7	+ 1.94	+ 2.08	−10.7	−4.92

金属泽贝克效应的产生机理较为复杂，主要可从下面两个方面来分析。

（1）电子从热端向冷端的扩散：由于金属中的电子浓度与温度无关，与半导体的泽贝克效应不同，这里的扩散不是由浓度梯度所引起的，而是由热端的电子具有更高的能量和速度所造成的。显而易见，电子从热端向冷端的扩散将在冷端积累电子，一直到热端正离子和冷端多余电子之间建立的电场阻止电子进一步从热端扩散到冷端为止，此时所产生的泽贝克效应的系数为负。

（2）电子自由程的影响：因为金属中虽然存在许多自由电子，但对导电有贡献的却主要是费米能级附近 $2k_BT$ 范围内的传导电子。而这些电子的平均自由程与遭受散射（声子散射、杂质和缺陷散射）的状况和能态密度随能量的变化情况有关。如图 3.13 所示，在相邻的热区 H 和冷区 C，电子的平均自由程分别为 l 和 l'。假设 H 区和 C 区的电子浓度均为 n，则 H→C 和 C→H 的电子数分别为 $\frac{1}{2}nl$ 和 $\frac{1}{2}nl'$，于是从热区进入冷区中的净扩散正比于 $\frac{1}{2}n(l-l')$。如果热端电子的平均自由程是随着电子能量的增加而增大的话，那么热端的电子一方面具有较大的能量，另一方面又具有较大的平均自由程，使得热端电子向冷端的输运是主要的过程，从而将产生泽贝克系数为负的泽贝克效应［图 3.13（a）］。如果热端电子的平均自由程是随着电子能量的增加而减小的，那么热端的电子虽然具有较大的能量，但是它们的平均自由程却很小，因此电子的输运将主要是从冷端向热端的输运，从而将产生泽贝克系数为正的泽贝克效应［图 3.13（b）］。

3）佩尔捷效应

当两种材料组成的电回路在有直流电通过时，两个接头处分别发生吸热和放热的现象称为佩尔捷（Peltier）效应。佩尔捷效应是泽贝克效应的逆效应，于 1834 年由法国科学家佩尔捷发现。由于金属的佩尔捷效应很弱，直到发现热电半导体 BiTe 及其合金后，才出现了有使用价值的半导体电子制冷器件。

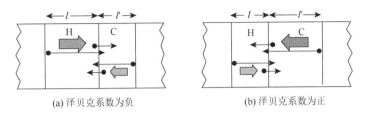

(a) 泽贝克系数为负　　　　　　　　　　(b) 泽贝克系数为正

图 3.13　不同泽贝克系数金属中相邻热区 H 和冷区 C 中电子平均自由程示意图

以两端均有金属的 n 型半导体为例，如图 3.14（a）所示，当电流的方向是从 n 型半导体到金属时，由于 E_{Fm} 比 E_C 低，在金属-半导体接触区每个电子的平均能量增加，需从周围环境中吸收能量。当电流的方向是从金属到 n 型半导体时，如图 3.14（b）所示，电子从半导体流到金属时，电子会将多余的能量以热的形式传给晶格振动，即在结处放热。这样，当电流流过如图 3.14（c）所示的两端均有金属的 n 型半导体时，一个接触处吸热，为冷端，另一个接触处放热，为热端。在实际应用中，可将 n 型和 p 型半导体通过共用的金属电极以串联的方式连接起来构成一个单元，再将多个单元串联就可以提高制冷的效率。

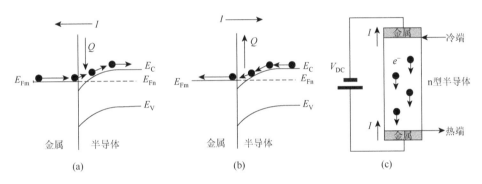

图 3.14　佩尔捷效应示意图

4. p-n 结

当 n 型半导体和 p 型半导体结合在一起时产生的结合界面即 p-n 结。由于 n 型半导体和 p 型半导体的费米能级不同，引起载流子的扩散，在结附近形成空间电荷层，并在结内建立起一内建电场 E_0，如图 3.15（a）所示。最终载流子的扩散和漂移运动达到一个动态平衡，平衡时的扩散电流 I_d 为

$$I_d = A \exp\left(-\frac{eV_d}{k_B T}\right) \tag{3.19}$$

式中：A 为与材料特性相关的常数。

内建电势 V_d 对应的势垒高度为 $eV_d = E_F^n - E_F^p$，热平衡时，p 区和 n 区的电子浓度分别为

$$n_{p0} = N_C \exp\left(-\frac{E_C - E_F^p}{k_B T}\right) \tag{3.20}$$

$$n_{n0} = N_C \exp\left(-\frac{E_C - E_F^n}{k_B T}\right) \tag{3.21}$$

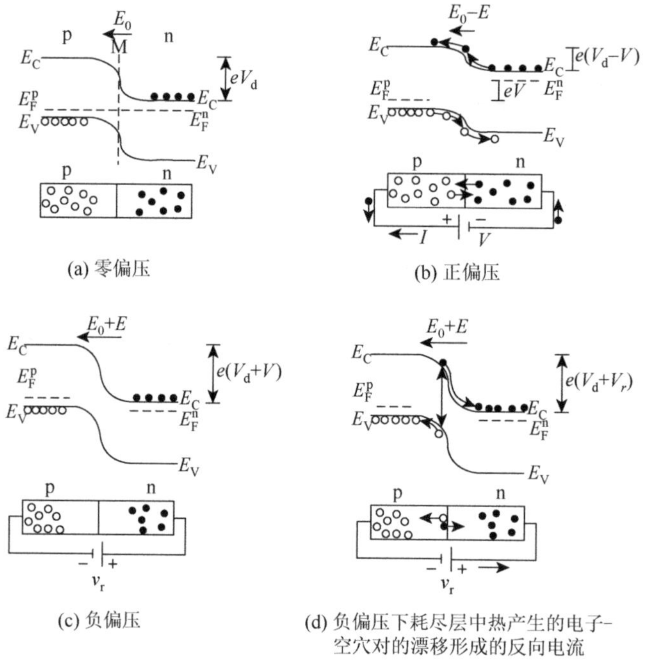

(a) 零偏压　　　　　　　　　　　(b) 正偏压

(c) 负偏压　　　　　　(d) 负偏压下耗尽层中热产生的电子-空穴对的漂移形成的反向电流

图 3.15　电场作用下 p-n 结的能带结构示意图

由于 $n_{n0} = N_d$，$n_{p0} = \dfrac{n_i^2}{N_a}$，$N_d$、$N_a$ 分别为施主浓度和受主浓度，内建电势 V_d 为

$$V_d = \frac{k_B T}{e} \ln\left(\frac{N_a N_D}{n_i^2}\right) \tag{3.22}$$

在 p-n 结的两端施加正向偏压时，空间电荷层（耗尽层）的势垒降低，n 区的电子容易越过势垒扩散到 p 区，p 区的空穴也能从 p 区扩散到 n 区，势垒不再能完全抵消电子和空穴的扩散作用，从而形成了流过 p-n 结的电流 I，近似为

$$I = I_d\left[\exp\left(\frac{eV}{k_B T}\right) - 1\right] \tag{3.23}$$

当 p-n 结上外加负偏压时，外电场使得 n 型半导体中电子的能量降低，从而增大了其中的电子向 p 区扩散的势垒高度，电子从 n 区扩散到 p 区产生的扩散电流此时可以忽略。但是仍存在一个小的反向电流，它是空间电荷层中热产生的电子-空穴对在电场作用下漂移所形成的。此时，流过 p-n 结的电流 I 为

$$I = A \exp\left[-\frac{e(V_d + V)}{k_B T}\right] - A \exp\left(-\frac{eV_d}{k_B T}\right) = I_d\left[\exp\left(-\frac{eV}{k_B T}\right) - 1\right] \approx -I_d \tag{3.24}$$

不同偏压下，p-n 结的能带结构图如图 3.15 所示。

3.2.5　超导体

材料的电阻随温度的下降突然降到零的现象称为超导现象。具有超导现象的材料为超导体，超导体的电阻变为零时对应的温度为临界温度。通常将临界温度在 30 K 以上的超导体称为高温超导体。超导态下的超导体除了具有零电阻性以外，它还会完全排斥外磁场进入材料内部，这种现象称为迈斯纳（Meissner）效应。此外，在临界温度以下，过高的磁场或电流密度都会使得材料从超导态转变到正常态。因此，超导体的超导性，只有在温度低于临界温度 T_c、磁场小于临界磁场 H_c 和电流密度低于临界电流密度 J_c 的条件下才会显现出来。

由超导体-绝缘体-超导体构成的超导隧道结中，当绝缘层厚度为几十到几百埃时，结间出现正常电子隧道效应。但当绝缘层很薄（～10Å）时，超导结间出现与正常电子隧道效应完全不同的特性，这种超导电子的隧道效应称为约瑟夫森（Josephson）效应，包括直流约瑟夫森效应和交流约瑟夫森效应。若通过约瑟夫森结的电流小于某一临界值，结上没有压降，这种在隧道结中有隧道电流通过而不产生电压降的效应称为直流约瑟夫森效应。当超导电流超过某临界值时，隧道结上有结电压，且在隧道结两超导体之间还有超导交流电流流过，电流的频率与所施加的直流电压成正比，同时结区以同样的频率向外辐射电磁波。约瑟夫森结这种能在直流电压作用下产生超导交变电流，从而辐射或吸收电磁波的特性称为交流约瑟夫森效应。此外，约瑟夫森结的临界电流随外磁场的增加呈现周期性变化。

自从超导现象被发现以来，关于超导性的起源众说纷纭。其中，BCS 理论较好地解释了金属及合金中发生的超导现象。BCS 理论认为在温度足够低时，两个动量大小相等、自旋相反且运动方向相反的电子可通过金属阳离子晶格的形变间接地相互吸引而形成束缚态电子对（库珀对），这些库珀对在晶格中运动时几乎不与晶格发生动量交换，从而产生超导态。当温度高于超导转变温度 T_c 时，热运动使库珀对分裂为单电子，金属就失去了超导性而转变为正常导体。

利用超导体的零电阻性、完全抗磁性和约瑟夫森效应，可将其用于超导磁体、超导输电、超导量子干涉器、高灵敏度电磁探测、超导计算机等领域。

3.3　重点与难点

（1）两种电导类型及其物理效应。

（2）自由载流子的形成与平衡浓度。

（3）离子扩散的主要机制，离子迁移率与扩散系数的关系，能斯特-爱因斯坦方程。

（4）分析归纳离子电导率的影响因素。

（5）快离子导电机理与结构的关系。

（6）金属、半导体和绝缘体的能带结构。

（7）金属中的自由电子与传导电子。

（8）晶格场中的电子迁移率。

（9）载流子散射的主要机制。

（10）不同掺杂浓度的半导体中，温度对迁移率的影响。

（11）分析自由电子/空穴的产生，弄清温度、晶体结构、杂质缺陷及组分缺陷对载流子浓度的影响，计算自由电子/空穴的浓度。

（12）影响电子电导的因素。

（13）非化合计量比化合物的类型。

（14）用缺陷化学的方法分析偏离化学计量比、接近化学比的氧化物中各缺陷的浓度及材料电导率与温度和氧分压的关系。

（15）分析归纳不同材料的电导率与温度之间的关系。

（16）空间电荷层的形成及其对电导特性的影响。

（17）压敏效应和 PTC 效应产生的机理。

（18）半导体材料泽贝克效应与佩尔捷效应的产生机理及应用。

（19）p-n 结的伏安特性。

3.4 基本概念与重要公式

1. 基本概念

载流子，漂移速度，迁移率，电阻率，表面电阻率，体积电阻率；

电解效应，霍尔效应；

空位扩散与间隙扩散，本征离子电导，杂质离子电导，固体电解质；

有效质量 m^*，平均自由程，晶格散射，杂质散射；

本征半导体，杂质半导体；

阳离子空位型组分缺陷，阴离子空位型组分缺陷，金属填隙型组分缺陷；

压敏效应，PTC 效应，泽贝克效应，佩尔捷效应；

超导体，约瑟夫森效应，迈斯纳效应。

2. 重要公式

能斯特-爱因斯坦方程：

$$\sigma = D\frac{nq^2}{k_{\mathrm{B}}T}$$

晶格场中电子的迁移率：

$$\mu_{\mathrm{e}} = \frac{e\tau}{m_{\mathrm{e}}^*}$$

费米-狄拉克分布函数：

$$f(E) = \frac{1}{1+\exp\left(\dfrac{E-E_{\mathrm{F}}}{k_{\mathrm{B}}T}\right)}$$

金属材料的电阻率：

$$\rho = \rho_t(T) + \rho_i$$

本征半导体的热平衡载流子浓度：

$$n_e = n_h = (N_C N_V)^{1/2} \exp\left(-\frac{E_g}{2k_B T}\right)$$

电子占据施主能级的概率：

$$f_D(E_D) = \cfrac{1}{1 + \cfrac{1}{g_D}\exp\left(\cfrac{E_D - E_F}{k_B T}\right)}$$

空穴占据受主能级的概率：

$$f(E_A) = \cfrac{1}{1 + \cfrac{1}{g_A}\exp\left(\cfrac{E_F - E_C}{k_B T}\right)}$$

杂质半导体的载流子浓度（以 n 型半导体为例，低温弱电离区）：

$$n_e = \left(\frac{N_C N_D}{2}\right)^{1/2} \exp\left(-\frac{E_C - E_D}{2k_B T}\right)$$

p-n 结平衡时的扩散电流：

$$I_d = A\exp\left(-\frac{eV_d}{k_B T}\right)$$

正向偏压下流过 p-n 结的电流：

$$I = I_d\left[\exp\left(\frac{eV}{k_B T}\right) - 1\right]$$

3.5　习　　题

1. 三端法和四探针法测电阻分别适用于什么情况？各有什么优点？

2. 描述半导体中电子运动为什么要引入"有效质量"的概念？用电子的惯性质量 m_0 描述能带中的电子运动有何局限性？

3. 简述导体、半导体和绝缘体的电子能带结构的区别。

4. 什么是霍尔效应？为什么可以利用霍尔效应检验材料是否存在电子电导？并分析制作霍尔元件的材料为什么常采用 n 型半导体？

5. 给出判断 p 型半导体、n 型半导体的两种方法。

6. 已知 CaO 为岩盐型结构，其晶格常数 $a = 4.62 \times 10^{-8}$ cm，且高温下 CaO 的电导率主要由 Ca^{2+} 的扩散引起，1500℃时 Ca^{2+} 的扩散系数为 5×10^{-12} cm²/s，求 1500℃时 CaO 的电导率。

7. 实际测得的含 12%Na_2O 的硅玻璃在 60～300℃的 $\ln\sigma$–1/T 关系曲线近似为一直线，已知 12%Na_2O-88%SiO_2 的密度为 2.4 g/cm³，其在 215℃和 110℃时的电导率 σ 分别为

$10^{-4}(\Omega \cdot m)^{-1}$ 和 $10^{-6}(\Omega \cdot m)^{-1}$，$Na^+$离子在该硅玻璃中扩散的热激活能为 $0.65\sim0.75\ eV$（Na、Si、O 的相对原子量分别为 23、28.1、16）。

（1）试计算该硅玻璃的热激活能，并指出该硅玻璃的电导过程主要由哪个离子的扩散控制？

（2）计算 110℃时 Na^+ 离子的迁移率和扩散系数。

8. 长、宽和高分别为 8 mm、2 mm、0.2 mm 的 Ge 样品，在其长度两端加 1.0 V 的电压，得到 10 mA 沿 x 方向的电流；再沿样品垂直方向（$+z$）加 0.1 T 的磁场，则在样品宽度两端测得电压 V_{ac} 为 –10 mV，设材料主要是一种载流子导电，试求：

（1）材料的导电类型；

（2）霍尔系数；

（3）多数载流子浓度；

（4）载流子迁移率。

9. 对某一掺杂的 Si 样品进行霍尔系数的测量，$+z$ 方向所施加的磁场为 30 T（$1T = 10^{-4}\ Wb/cm^2$），在截面积 $A = 1.6\times10^{-3}\ cm^2$ 的 $+x$ 方向通入 2.5 mA 的电流，在宽度为 $W = 0.05\ cm$ 的 $+y$ 方向测得的霍尔电压为 10 mV，设材料主要是一种载流子导电，试求：

（1）材料的导电类型；

（2）霍尔系数；

（3）多数载流子浓度。

10. Y 稳定型的 ZrO_2 是一种典型的固体电解质，请简述其作为氧浓差电池测定氧含量的工作原理。

11. 不同条件下获得的 Cu-Au 匀晶合金的电阻率变化曲线如图 3.16 所示，请解释这一现象。

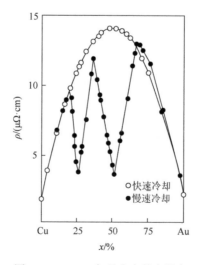

图 3.16　Cu-Au 匀晶合金的电阻率

12. 金属 Ni 和 Cu 的态密度与电子填充情况如图 3.17 所示，它们都有重叠的 3d 和 4s

带，但 3d 带比 4s 带窄。Cu 和 Ni 的室温电阻率分别为 $\rho_{Cu} = 1.7\ \mu\Omega\cdot cm$、$\rho_{Ni} = 6.8\ \mu\Omega\cdot cm$。请思考：

（1）3 d 和 4 s 带中的电子是否具有相同的有效质量？

（2）哪个能带中的电子对这两种金属贡献传导电子？

（3）Ni 和 Cu 的密度相近，且 Ni 有 2 个价电子，为何其电阻率却比 Cu 高？

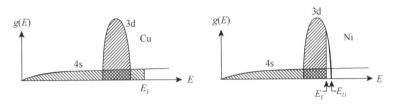

图 3.17　Ni 和 Cu 的态密度与电子填充情况

13. 根据费米-狄拉克分布函数，写出：

（1）本征半导体中 E_F 的表达式；

（2）当电子的有效质量 m_e^* 与空穴的有效质量 m_h^* 相等时，E_F 位于能带结构的什么位置？通常 $m_e^* < m_h^*$，E_F 的位置随温度将如何变化？

14. 某金属中每个原子占据的体积为 a^3，热力学温度为 0 时价电子的费米半径为 $k_F^0 = \dfrac{(6\pi^2)^{1/3}}{a}$，计算每个原子的价电子数目。

15. 经典理论认为所有价电子都参与导电，电流密度 J 与所有电子的漂移速度 v_d 的关系是 $J = nev_d$。已知 Cu 的电子浓度 $n = 10^{29}\ m^{-3}$，$J = 5 \times 10^4\ A/m^3$，试比较费米速度 v_F 和漂移速度 v_d。

16. 电子漂移速度 v_d 满足方程 $m\left(\dfrac{dv_d}{dt} + \dfrac{v_d}{\tau}\right) = -eE$，试确定稳定态时交变电场下的电导率 $\sigma(\omega) = \sigma(0)\left[\dfrac{1 + i\omega\tau}{1 + (\omega\tau)^2}\right]$。

17. 为什么金属材料的电阻率随温度升高而增加，半导体和绝缘体材料的电阻率却随温度升高而下降？为什么非本征半导体对温度的依赖性比本征半导体小？当温度足够高时，为什么非本征半导体的电阻率与本征半导体的趋于一致？

18. 已知铜的相对原子量 $M = 63.5$，密度 $\rho_m = 8.95\ g/cm^3$，室温下的电阻率 $\rho = 1.55 \times 10^{-8}\ \Omega\cdot m$，试用自由电子模型计算：

（1）传导电子浓度 n；

（2）费米能量 E_F 和费米速度 v_F；

（3）弛豫时间 τ；

（4）费米面上电子的平均自由程。

19. 金属 Cu 的密度为 $8.95\ g/cm^3$，相对原子量为 63.5，室温时 Cu 的电导率 $\sigma = 6 \times 10^7\ S/m$，$\mu_e = 0.003\ m^2/(V\cdot s)$，求室温时 Cu 中的自由电子浓度及每个 Cu 原子中的自由电子数。

20. 已知 Ag 是单价金属，其相对原子量 $M = 107.87$，质量密度 $\rho_m = 10.5$ g/cm³，20 K 和 295 K 时的电阻率分别为 $\rho_{20} = 3.8 \times 10^{-11}$ Ω·m 和 $\rho_{295} = 1.62 \times 10^{-8}$ Ω·m，试用自由电子模型计算：

（1）传导电子浓度 n；

（2）费米能量 E_F 和费米速度 v_F；

（3）弛豫时间 τ；

（4）费米面上电子的平均自由程。

21. 不同掺杂浓度的半导体 Si 的电子迁移率与温度的关系如图 3.18 所示，从散射机制上分析重掺杂样品迁移率随温度的变化比轻掺杂样品小的原因。

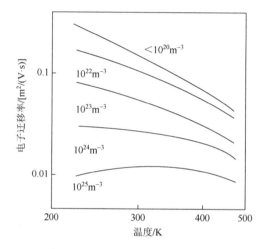

图 3.18   不同掺杂浓度的半导体 Si 的电子迁移率与温度的关系曲线

22. 高纯硅中掺入 10^{23} m⁻³ 的 As（V 族元素），已知室温时 $\mu_e = 0.07$ m²/(V·s)，100℃时 $\mu_e = 0.04$ m²/(V·s)，

（1）判断材料是 n 型还是 p 型；

（2）计算室温电导率；

（3）计算 100℃时的电导率。

23. 已知 Si 的密度为 2.33 g/cm³，相对原子量为 28，室温时 $\mu_h = 500$ cm/(V·s)，$\mu_e = 1350$ cm²/(V·s)，某掺杂的 p 型 Si 的室温电导率为 50(Ω·m)⁻¹，请问需添加何种杂质，杂质的浓度为多少（假设杂质全部电离）？

24. Si 的密度为 2.33 g/cm³，相对原子量为 28，$n_i = 1.3 \times 10^{10}$ cm⁻³，电子和空穴的迁移率分别为 1350 cm²/(V·s)、500 cm²/(V·s)，掺入百万分之一的 As 后，设杂质全部电离且掺杂不改变载流子的有效质量和迁移率，计算电导率比本征 Si 的电导率增大了多少倍？

25. 500 g 的 Si 单晶中，掺 4.5×10^{-5} g 的 B，设杂质全部电离，求材料的电阻率（$\mu_h = 500$ cm²/(V·s)，Si 的密度 2.33 g/cm³，相对原子量为 28，B 的相对原子量为 10.8）。

26. 本征半导体 Ge（$E_g = 0.67$ eV）在室温 25℃下电导率为 2.2(Ω·m)⁻¹，请计算其在 150℃时的电导率。

27. 本征半导体 Ge 的禁带宽度为 $E_g = 0.67$ eV，晶格常数 $a = 5.6575$ Å，在室温 25℃下电导率为 $0.02(\Omega \cdot m)^{-1}$，电子和空穴的迁移率分别为 3800 cm^2/(V·s)、1820 cm^2/(V·s)，计算：

（1）Ge 中的载流子浓度；

（2）等效状态密度 n_0；

（3）从价带激发到导带中的电子占总价电子数的比例。

28. 施主浓度分别为 10^{13} cm^{-3} 和 10^{17} cm^{-3} 的两个 Si 样品在室温时的电子迁移率分别为 1350 cm^2/(V·s)、800 cm^2/(V·s)，设杂质全部电离，室温时这两个样品的电导率分别为多少？

29. n 型硅中，掺杂浓度 $N_D = 10^{16}$ cm^{-3}，$\mu_n \approx 1200$ cm^2/(V·s)，$\mu_p = 400$ cm^2/(V·s)，光注入的非平衡载流子浓度 $\Delta n = \Delta p = 10^{14}$ cm^{-3}。计算无光照和有光照时的电导率。

30. 两个 Si 样品中，分别掺入 N_{A1} 和 N_{A2} 量的硼（$N_{A1} > N_{A2}$），若考虑杂质均饱和电离，请问在室温条件下，

（1）哪个样品的少子密度低？

（2）哪个样品的 E_F 离价带顶近？

（3）如果再掺入少量磷（掺入量 $N_D < N_{A2}$），它们的 E_F 如何变化？

31. Zn 在 Si 中有双重受主能级，即 Zn 原子可在较低的 E_{A1} 能级（$\Delta E_{A1} = E_{A1} - E_V = 0.31$ eV）上接受一个电子；也可在较高的 E_{A2} 能级（$\Delta E_{A2} = E_{A2} - E_V = 0.55$ eV）能级上接受 2 个电子，为补偿 $N_D = 10^{16}$ cm^{-3} 的 n-Si 需掺杂 Zn 原子的浓度是多少（Si 的禁带宽度 $E_g = 1.12$ eV）？

32. 为什么在还原气氛中烧结的含 Ti 陶瓷（如 SrTiO$_3$ 等）会发黑且电阻率比空气中烧结的陶瓷低？

33. BaTiO$_3$ 的禁带宽度为 3 eV，在室温下的体积电阻率约为 10^{12} Ω·cm，试举出一种可使其变为半导体材料的方法，并简述其机理。

34. Farhi 在不同氧分压和温度下所测得的 NiO 的电导率 σ 与氧分压 P_{O_2} 之间的关系如图 3.19 所示（图中实线为实验数据拟合的直线，其斜率为 1/4）。试利用缺陷反应方程推导出材料电导率与温度和氧分压的变化规律，并对图中现象做出合理的解释。如果在 NiO 中添加少量 Al$_2$O$_3$，NiO 的电导率将如何变化？

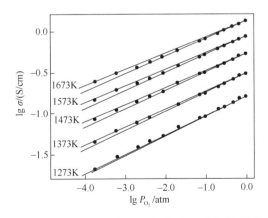

图 3.19　NiO 的电导率 σ 与氧分压 P_{O_2} 之间的关系

1atm = 1.01325×10^{5}Pa

35. 金属氧化物 ZnO 中，由于金属离子过剩容易形成间隙离子缺陷，请问：

（1）这种偏离化学计量比的 ZnO 会是何种类型半导体？

（2）根据缺陷化学原理，推导 ZnO 电导率与氧分压的关系；

（3）讨论添加 Li_2O 对 ZnO 电导率的影响。

36. 高温条件下，在还原气氛下 $BaTiO_3$ 陶瓷的电导率随温度和氧分压的变化曲线如图 3.20 所示，请根据缺陷化学原理，推导分析 $BaTiO_3$ 陶瓷的电导率如图所示的变化规律。

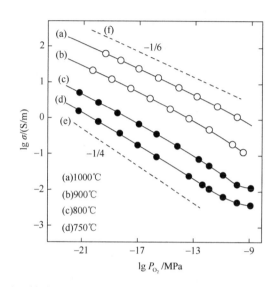

图 3.20　还原气氛下 $BaTiO_3$ 陶瓷的电导率随温度和氧分压的变化曲线

37. 对于 MO 离子晶体，其本征离子缺陷为弗仑克尔热缺陷，组分曲线中只考虑与环境中的氧交换可能产生的金属空位和金属填隙，在不考虑杂质缺陷且假设空位和填隙完全电离的情况下，分析并画出该离子晶体中各缺陷浓度随氧分压的变化关系。

38. 试从电导、铁电相变、晶界势垒等几个方面说明为何适量施主（如 La_2O_3）掺杂的 $BaTiO_3$ 陶瓷具有 PTC 效应？

39. 画出 p 型半导体吸附氧气时的表面能带结构图，分析其表面电导率将如何变化？

40. 已知施主浓度为 $10^{16} cm^{-3}$ 的 n 型 Si 的功函数为 4.25 eV，当其两端分别接触表 3.2 中的金属时，理想情况下，哪些金属将产生肖特基接触？哪些将产生欧姆接触？

表 3.2　几种金属的功函数

金属	Cs	Li	Al	Au
功函数/eV	1.8	2.5	4.25	5.0

41. 试比较电阻型半导体氢气传感器和热电型氢气传感器的工作原理及优缺点。查阅资料，了解利用泽贝克效应和佩尔捷效应的热电材料有哪些？如何提高热电材料的性能？

第4章

电子材料的介电性能

4.1 基 本 要 求

理解极化现象的物理本质及极化能力大小的微观和宏观参数表征；了解克劳修斯-莫索提（Clausius-Mossotti）方程的应用范围，并根据克劳修斯-莫索提方程计算电介质的介电常数；掌握电子位移极化、离子位移极化、松弛极化、空间电荷极化及自发极化等极化类型的基本特点，分析各种极化类型的极化率或者介电常数随温度或频率的变化关系；了解多晶多相无机材料介电常数的计算方法及其介电常数的温度稳定系数的调控方法；理解交变电场下介质损耗的产生机制，以及复介电常数的物理含义，根据德拜（Debye）方程分析介电常数和介电损耗随温度或频率的变化规律；了解介电击穿的机理，分析无机材料介电击穿强度的影响因素；掌握铁电体和铁电畴的基本特征，以及位移型铁电体自发极化产生机理，了解铁电体中的相变类型；了解压电体产生压电效应的基本原理及其结构类型，理解压电材料中的介电性能、弹性性能及压电性能之间的关系，熟悉压电材料的应用领域。

4.2 主 要 内 容

4.2.1 介质极化

1. 极化现象

在电场作用下，介质中正、负电荷发生相对位移，正、负电荷中心不重合，从而产生了感应电荷，这种现象称作极化，其物理本质是正、负电荷中心不重合。正、负电荷沿电场方向在有限范围内短程移动，组成一个偶极子。微观偶极子的极化强弱用电偶极矩来表征，如图 4.1 所示。电偶极矩为

$$\mu = ql \tag{4.1}$$

式中：q 为正电荷与负电荷的电量；l 为位移矢量；电偶极矩单位为库仑·米（C·m），方向从负电荷指向正电荷。

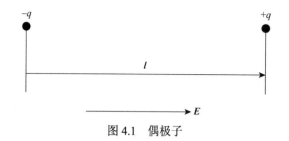

图 4.1　偶极子

2. 介质中的电场

1）平均宏观电场 E

平均宏观电场 E 为外加电场 E_{out} 与退极化电场 E_1 的矢量和，退极化电场是由介质中因极化产生感应电荷所产生的电场，方向与外电场相反。

$$E = E_{out} + E_1 \tag{4.2}$$

2）原子位置上的局部电场 E_{loc}

作用在被考察分子上的局部电场是两部分电场作用的叠加：外加电场与周围极化了的分子对被考察分子相互作用的电场。分子局部电场的计算非常复杂，对此洛伦兹（Lorentz）提出了一种近似计算方法。具体推导过程参见教材 4.1.1 小节。介质中的电场如图 4.2 所示。对一个参考原子，局部电场（或有效电场）计算公式为

$$E_{loc} = E_{out} + E_1 + E_2 + E_3 \tag{4.3}$$

式中：E_2 为洛伦兹场；E_3 为球内质点对考察原子的作用电场。

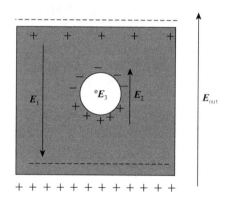

图 4.2　晶体中原子的内电场

3. 极化能力的参数表征

1）介电常数

在平行板电容器中嵌入电介质，其介电常数为

$$\begin{cases} \varepsilon = \dfrac{d}{S} C \\[2mm] \varepsilon_r = \dfrac{C}{C_0} = \dfrac{\varepsilon}{\varepsilon_0} \end{cases} \tag{4.4}$$

式中：S 为面积；d 为极板间距；ε_0 为真空介电常数，$\varepsilon_0 = 8.85\times10^{-12}$ F/m；C 为两极板间的电容；C_0 为真空平行板电容；ε_r 为相对介电常数，是一个无量纲大于 1 的纯数。介电常数 ε 是综合反映电介质极化行为的宏观物理量。

2）极化率

极化率表示单位局部电场作用下偶极矩的大小，公式为

$$\alpha = \frac{\mu}{E_{\text{loc}}} \tag{4.5}$$

单位为 F·m²，它是描述偶极子极化能力的微观物理量。α 越大，偶极子极化特性越强。

3）极化强度

极化强度 P 是介质单位体积内的电偶极矩矢量和：

$$P = \frac{\sum \mu}{V} \tag{4.6}$$

单位为 C/m²。如果介质单位体积中的极化质点数等于 N，质点的平均偶极矩为 μ，且每一偶极子的电偶极矩方向与外电场方向相同，这样

$$P = N\mu = N\alpha E_{\text{loc}} \tag{4.7}$$

对于各向同性介质，根据静电学理论，可得

$$\begin{cases} P = \varepsilon_0 \chi E \\ \chi = \varepsilon_r - 1 \end{cases} \tag{4.8}$$

式中：χ 为电介质极化系数，表明感应极化强度 P 与宏观电场 E 之间呈线性关系，具有这种线性关系的电介质通常称为线性电介质。

4. 克劳修斯-莫索提方程

根据静电学理论，知

$$\varepsilon_r = 1 + \frac{N\alpha}{\varepsilon_0}\frac{E_{\text{loc}}}{E} \tag{4.9}$$

根据洛伦兹场的计算，得

$$E_2 = \int_0^\pi \frac{1}{2\varepsilon_0} P \cos^2\theta \sin\theta \, \mathrm{d}\theta = \frac{1}{3\varepsilon_0}P \tag{4.10}$$

对于具有对称中心及立方对称结构环境的晶体，$E_3 = 0$。因此，

$$E_{\text{loc}} = E_{\text{out}} + E_1 + E_2 + E_3 = E_{\text{out}} + E_1 + \frac{1}{3\varepsilon_0}P = E + \frac{1}{3\varepsilon_0}P \tag{4.11}$$

根据式 $P = N\mu = N\alpha E_{\text{loc}}$ 和 $P = \varepsilon_0(\varepsilon_r - 1)E$ 可推导得出

$$\frac{\varepsilon_r - 1}{\varepsilon_r + 2} = \frac{N\alpha}{3\varepsilon_0} \tag{4.12}$$

式（4.12）称为克劳修斯-莫索提方程。它建立了极化特性的宏观量相对介电常数 ε_r 与微观量极化率 α 之间的关系。此式适用于分子间作用很弱的气体、非极性液体和非极性固体及一些具有立方点阵对称结构的离子晶体。对于低气压的气体介质，其质点的相互作用可以忽略，局部电场与外电场相同，可以认为 $E_3 = 0$ 且 $E_{\text{loc}} \approx E$，其介电常数可以根据下式计算：

$$\varepsilon_{\mathrm{r}} \approx 1 + \frac{N\alpha}{\varepsilon_0} \tag{4.13}$$

极性气体介质和极性液体介质介电常数的计算

1）极性气体介质

极性气体介质的质点是具有固有电偶极矩的极性分子，由于分子间距离较大，同时单位体积内的分子数较少，分子呈混乱状态分布，作为一种近似，可以认为 $\boldsymbol{E}_3 = \boldsymbol{0}$，克劳修斯-莫索提方程仍然适用，此时总的极化率除了考虑电子位移极化率 α_{e} 外，还要考虑极性分子的转向极化率 α_{d}，此时克劳修斯-莫索提方程为

$$\frac{\varepsilon_{\mathrm{r}} - 1}{\varepsilon_{\mathrm{r}} + 2} = \frac{N}{3\varepsilon_0}(\alpha_{\mathrm{e}} + \alpha_{\mathrm{d}}) \tag{4.14}$$

2）计算极性液体的昂萨格方程

由于极性液体中极性分子之间的相互作用，$\boldsymbol{E}_3 \neq \boldsymbol{0}$，此时克劳修斯-莫索提方程就不适用。昂萨格（Onsager）在洛伦兹模型的基础上提出了昂萨格模型，计算出了极性液体中作用在极性分子上的有效电场，即

$$\boldsymbol{E}_{\mathrm{loc}} = \frac{3\varepsilon_{\mathrm{r}}}{2\varepsilon_{\mathrm{r}} + 1}\boldsymbol{E} + \frac{2(\varepsilon_{\mathrm{r}} - 1)}{2\varepsilon_{\mathrm{r}} + 1}\frac{\boldsymbol{\mu}_0}{4\pi\varepsilon_0 a^2} \tag{4.15}$$

式中：$\boldsymbol{\mu}_0$ 为极性分子偶极矩；a 为空腔球体的半径。那么，计算极性液体的昂萨格方程为

$$\frac{(\varepsilon_{\mathrm{r}} - n^2)(2\varepsilon_{\mathrm{r}} + n^2)}{\varepsilon_{\mathrm{r}}(n^2 + 2)^2} = \frac{N}{3\varepsilon_0}\frac{\boldsymbol{\mu}_0^2}{3k_{\mathrm{B}}T} \tag{4.16}$$

式中：n 为光频折射率；T 为温度。

5. 介质的极化类型

电介质的极化可以分为几种基本形式：电子位移极化、离子位移极化、离子松弛极化、电子松弛极化、偶极子转向极化、空间电荷极化及自发极化。

1）电子位移极化

在外电场作用下，原子（或离子）外围的电子云相对于原子核发生位移形成的极化叫作电子位移极化，电子位移极化率为

$$\alpha_{\mathrm{e}} = \frac{4}{3}\pi\varepsilon_0 R^3 \tag{4.17}$$

式中：R 为原子或离子半径；ε_0 为真空介电常数。电子位移极化率 α_{e} 单位为 $\mathrm{F \cdot m^2}$。电子位移极化的建立时间极短，为 $10^{-15} \sim 10^{-14}\mathrm{s}$，是瞬时完成的，不产生能量损耗，同时电子位移极化率 α_{e} 与温度无关。在恒定电场下，任何电介质都要发生电子位移极化。

2）离子位移极化

在电场作用下，离子晶体正、负离子沿相反方向位移偏离平衡位置形成的极化称为离子位移极化。对于三维晶体的离子位移极化率，以结构最简单的简立方结构 NaCl 晶体为

例，考虑邻近离子的影响，离子位移极化率为

$$\alpha_{\mathrm{i}} = \frac{q^2}{k_{\mathrm{B}}} = \frac{12\pi\varepsilon_0 a^3}{A(n-1)} \tag{4.18}$$

式中：a 为正负离子核间距；n 为电子层斥力指数，取值在 $7\sim11$；A 为马德隆（Madelung）常数，与晶体结构有关。离子位移极化建立所需的时间为 $10^{-13}\sim10^{-12}$s，属快极化，在极化过程中不伴随有能量的损耗。离子位移极化率随温度升高会增加，但增加得不大。

3）离子松弛极化

在电场作用下，弱联系离子可以在电场方向上从一个平衡位置跃迁到另一个平衡位置，造成离子分布的不均匀而引起正、负电荷中心不重合，形成离子松弛极化。离子松弛极化率 α_{T} 为

$$\alpha_{\mathrm{T}} = \frac{q^2\delta^2}{12k_{\mathrm{B}}T} \tag{4.19}$$

式中：q 为电荷量；δ 为相邻格点间距。离子松弛极化的建立时间为 $10^{-5}\sim10^{-2}$s，且温度升高，α_{T} 减小，但离子松弛极化强度 P 随温度升高会出现极大值。

4）电子松弛极化

电子松弛极化是由弱束缚电子引起的极化，建立的时间为 $10^{-9}\sim10^{-2}$s，其介电常数随频率升高而减小，类似于离子松弛极化。这种极化与热运动有关，建立过程不可逆，有能量的损耗。同样，电子松弛极化强度 P 随温度的变化也有极大值。与离子松弛极化相比，电子松弛极化可能出现异常高的介电常数。电子松弛极化主要是折射率大、结构紧密、内电场大和电子电导大的电介质呈现出的特性。

5）偶极子转向极化

转向极化主要发生在极性分子介质中。具有固有偶极矩 $\boldsymbol{\mu}_0$ 的分子称为极性分子（偶极子）。当极性分子受到外电场作用时，偶极子在转矩的作用下，趋于和外加电场方向一致。在与热运动的共同作用下，体系最后建立一个新的统计平衡。在新的统计平衡状态下，呈现出了沿外电场方向的宏观偶极矩。这种极化现象称为偶极子转向极化。偶极子转向极化率

$$\alpha_{\mathrm{d}} = \frac{\overline{\mu}}{\boldsymbol{E}_{\mathrm{loc}}} = \frac{\mu_0^2}{3k_{\mathrm{B}}T} \tag{4.20}$$

式中：$\overline{\mu}$ 为平均偶极矩。偶极子转向极化建立一般需要较长的时间，为 $10^{-10}\sim10^{-2}$s，属于慢极化。偶极子转向极化是一种与热运动有关的极化形式，要克服热运动的阻碍作用，所以需要消耗能量。

6）空间电荷极化

在电场作用下，不均匀介质内部的正、负间隙离子分别向负、正极移动，引起不均匀介质内各点离子密度的变化，即出现电偶极矩。这种极化叫作空间电荷极化。一般晶界、相界、晶格畸变、杂质等缺陷区都可成为自由电荷（间隙离子、空位、引入的电子等）聚集区，容易形成空间电荷极化。空间电荷极化随温度升高而下降。空间电荷极化建立需要较长的时间，为几秒到数十分钟，甚至数十小时，因而空间电荷极化只对直流和低频下介质的介电性质有影响。

7）自发极化

一种极化在没有外界电场作用下呈现的极化形式，叫作自发极化。这种极化状态是由晶体内部结构造成的。在这类晶体中，每一个晶胞里存在固有电矩。这类晶体称为极性晶体。

各种极化形式的综合比较见表 4.1。

表 4.1　各种极化形式的综合比较

极化形式	极化率 α	极化建立时间	与温度的关系	能量损耗	介质
电子位移极化	$\dfrac{4}{3}\pi\varepsilon_0 R^3$	$10^{-15}\sim10^{-14}$s	无关	无	所有介质
离子位移极化	$\dfrac{12\pi\varepsilon_0 a^3}{A(n-1)}$	$10^{-13}\sim10^{-12}$s	$T\uparrow$极化$\uparrow$	弱	离子结构
离子松弛极化	$\dfrac{q^2\delta^2}{12k_BT}$	$10^{-5}\sim10^{-2}$s	与 T 有关，存在极值	有	离子结构的玻璃\结构不紧密的晶体及陶瓷
电子松弛极化	—	$10^{-9}\sim10^{-2}$s	与 T 有关，存在极值	有	钛质瓷、以高价金属氧化物为基的陶瓷
偶极子转向极化	$\dfrac{\mu_0^2}{3k_BT}$	$10^{-10}\sim10^{-2}$s	与 T 有关，存在极值	有	有机材料、极性分子介质
空间电荷极化	—	长	$T\uparrow$极化$\downarrow$	有	结构不均匀的陶瓷
自发极化	—	—	存在于居里温度以下	有	居里温度以下的铁电材料

6. 多晶多相无机材料的介电常数

多相体系的介电常数取决于各相的介电常数、体积浓度及相与相之间的配置情况。以最简单的两相介质形成的混合物为例，设两相的介电常数分别为 ε_1 和 ε_2，体积分数分别为 x_1 和 x_2（$x_1+x_2=1$）。

二相混合物的介电常数为

$$\ln\varepsilon = x_1\ln\varepsilon_1 + x_2\ln\varepsilon_2 \tag{4.21}$$

该式适用于两相的介电常数相差不大，而且两相均匀分布的场合。

一般，可用介电常数的温度系数 TKε 来描述介电常数 ε 与温度 T 的关系。介电常数的温度系数是指介电常数随温度的相对变化率，即温度升高 1K（1℃）时，相对介电常数的变化值与起始温度时的相对介电常数的比值：

$$TK\varepsilon = \frac{\Delta\varepsilon}{\varepsilon_0\Delta T} = \frac{\varepsilon_T - \varepsilon_0}{\varepsilon_0(T-T_0)} \tag{4.22}$$

式中：T_0 为原始温度，一般为室温；T 为改变后的温度；ε_0、ε_T 分别为介质在 T_0、T 时的介电常数。

不同的材料，由于不同的极化形式，其介电常数的温度系数也不同，可为正，也可为负。如果电介质的极化形式只有电子位移极化，因为温度升高，介质密度降低，极化强度降低，这类材料介电常数的温度系数是负的。以离子位移极化为主的材料随温度升高，其离子极化率增加，并且温度对极化强度增加的影响超过了密度降低对极化强度的影响，因而这类材料介电常数的温度系数为正。以松弛极化为主的材料，其 ε 和 T 的关系中可能出现极大值，因而 TKε 可为正，也可为负。

生产实践中可以采用改变两组分或多组分固溶体的相对含量来有效调节系统的 TKε 值，也就是用介电常数的温度系数符号相反的两种（或多种）化合物制成所需的 TKε 值的无机材料。

4.2.2　介质损耗

1. 介质损耗的定义

介质损耗就是电介质在电场作用下，由于介质电导和介质极化的滞后效应，在其内部引起的能量损耗。介质损耗以散发热量的形式表现出来。如果电介质在电场作用下，单位时间内消耗的电能即损耗功率用 P_W 来表示，则

$$P_W = IU = GU^2 \tag{4.23}$$

式中：U 为介质上施加的电压；I 为通过介质的电流；G 为介质电导。

介质损耗率指单位时间单位体积介质内消耗的电能：

$$p = \frac{P_W}{V} = \frac{GU^2}{V} = \sigma E^2 \tag{4.24}$$

式中：V 为介质体积；σ 为电导率。

在一定的直流电场下，介质损耗率取决于材料的电导率。在交变电场下，介质损耗不仅与自由电荷的电导有关，还与松弛极化过程有关，所以电导率 σ 与自由电荷电导、束缚电荷及频率有关。

2. 复介电常数

对于存在慢极化的介质，在交变电场下，介电性能（极化和损耗）与电场频率有关，所以引入复电导率和复介电常数的概念。

复电导率为

$$\sigma^* = i\omega\varepsilon + \sigma \tag{4.25}$$

复介电常数为

$$\varepsilon^* = \frac{\sigma^*}{i\omega} = \varepsilon - i\frac{\sigma}{\omega} \tag{4.26}$$

$$\varepsilon^* = \varepsilon' - i\varepsilon'' \tag{4.27}$$

在交变电场中电介质的特性参数为 ε^* 和 σ^*，都与电场频率有关。复介电常数的实部 ε' 表示介质极化或能量存储，虚部 ε'' 表示能量的损耗，也称为损耗因子。这里 ε' 和 ε'' 都是依赖于频率的量，当 $\omega \to 0$ 时，ε' 才是静态介电常数。

电压和电流的相位关系如图 4.3 所示，由于存在与电压同相位的损耗电流分量（GU），合成电流与电容电流分量（$i\omega CU$）之间形成一个 δ 角，称为介质损耗角。该角的正切值 $\tan\delta$ 可表示为

$$\begin{cases} \tan\delta = \dfrac{损耗项}{电容项} = \dfrac{\sigma}{\omega\varepsilon} \\ \tan\delta = \dfrac{\varepsilon''}{\varepsilon'} \end{cases} \tag{4.28}$$

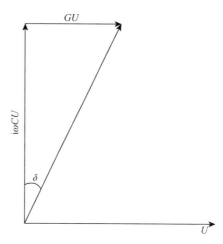

图 4.3 电容器上的电流

3. 介电弛豫与德拜方程

松弛极化的建立总是滞后于外加电场的变化，这种现象称为极化弛豫或介电弛豫。存在慢极化的介质在交变电场中通常发生弛豫现象。工程电介质物理通常用经典的德拜（Debye）模型来解释介电弛豫现象，并推导电介质介电常数随频率和温度的变化规律。德拜方程为

$$\varepsilon_r(\omega) = \varepsilon_\infty + \frac{\varepsilon(0) - \varepsilon_\infty}{1 + i\omega\tau} \tag{4.29}$$

$$\begin{cases} \varepsilon_r' = \varepsilon_\infty + \dfrac{\varepsilon(0) - \varepsilon_\infty}{1 + \omega^2\tau^2} \\[2mm] \varepsilon_r'' = \dfrac{[\varepsilon(0) - \varepsilon_\infty]\omega\tau}{1 + \omega^2\tau^2} \end{cases} \tag{4.30}$$

$$\tan\delta = \frac{\varepsilon''}{\varepsilon'} = \frac{[\varepsilon(0) - \varepsilon_\infty]\omega\tau}{\varepsilon(0) + \omega^2\tau^2\varepsilon_\infty} \tag{4.31}$$

低频或者静态时，ε_r' 取 $\varepsilon(0)$；频率 $\omega \to \infty$ 时，$\varepsilon_r' = \varepsilon_\infty$ [即 $\varepsilon(0)$ 代表静态相对介电常数，ε_∞ 代表光频相对介电常数]。德拜方程主要适用于极性液体和固体介质，其中忽略了介质的漏导，且所有极化偶极子的弛豫时间具有相同值（或单一偶极弛豫极化），即具有固定的时间常数 τ。从德拜方程可以看出，ε'、ε'' 和 $\tan\delta$ 是与 ω、τ 有关的参数，其中 τ 与温度有关且具有以下关系：

$$\ln\tau = \frac{U}{kT} + C \tag{4.32}$$

式中：U、C 是与介质性质有关的参数。

4. Cole-Cole 圆

根据德拜方程（4.30），如果将 $\omega\tau$ 项消去，得到下列方程式：

$$\left[\varepsilon_r' - \frac{\varepsilon(0) + \varepsilon_\infty}{2}\right]^2 + \varepsilon_r''^2 = \left[\frac{\varepsilon(0) - \varepsilon_\infty}{2}\right]^2 \tag{4.33}$$

以损耗因子 ε_r'' 为纵轴，以介电常数 ε_r' 为横轴，当半径为 $\dfrac{\varepsilon(0)-\varepsilon_\infty}{2}$ ，圆心为 $\left(\dfrac{\varepsilon(0)+\varepsilon_\infty}{2},0\right)$ 时，在 $\varepsilon_r'-\varepsilon_r''$ 坐标系中画出的是一个半圆，称为 Cole–Cole 圆，如图 4.4 所示。

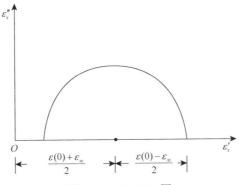

图 4.4 Cole-Cole 圆

根据德拜方程，一般认为电介质只具有一个松弛时间值，得到一个理想的 Cole-Cole 圆。但实际的介质材料实验结果常常不是半圆而是一个圆弧，其圆心落在横坐标轴以下，这说明德拜方程与实际存在偏离，需要具体考察多个松弛时间或弛豫时间的分布情况，此时修正的德拜方程为

$$\varepsilon_r^* = \varepsilon_\infty + \frac{\varepsilon(0)-\varepsilon_\infty}{1+(\mathrm{i}\omega\tau)^{1-\alpha}} \tag{4.34}$$

式中：ε_r^* 为复介电常数；α 是一个常数，其值在 0 和 1 之间。当 $\alpha=0$ 时，式（4.34）表示的是德拜方程；当 $\alpha>0$ 时，表示介质中并非单一松弛时间的弛豫分布，α 值越大，松弛时间分布越宽。

5. 介电常数和介电损耗与温度、频率的关系

1）频率的影响

介电常数 ε_r 随频率升高单调减小，当 $\omega\to0$ 时，介电常数达到最大值 $\varepsilon(0)$，当 $\omega\to\infty$ 时，$\varepsilon_r\to\varepsilon_\infty$，趋于最小值，如图 4.5 所示。

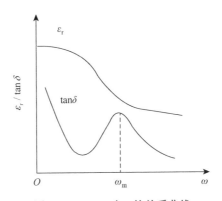

图 4.5 ε_r、$\tan\delta$ 与 ω 的关系曲线

当外加电场频率很低时，介电损耗主要由漏导引起，当 $\omega \rightarrow 0$ 时，$\tan\delta \rightarrow \infty$，随着 ω 的升高，$\tan\delta$ 减小。当外加电场频率逐渐升高时，松弛极化引起的介质损耗占主导，根据德拜方程，$\tan\delta$ 随 ω 的升高而出现极大值。当材料中漏电导非常大时，漏导损耗在整个频率范围都很大，极化损耗峰被掩盖，只有介质损耗有单调下降的趋势，如图 4.6 所示。

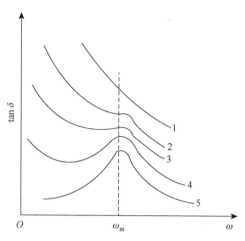

图 4.6   不同电导的 $\tan\delta$ 与 ω 的关系曲线

2）温度的影响

在温度较低的情况下，随着温度的升高，极化过程容易建立，τ 减小，ε_r 上升；当温度继续升高，达到很大值时，离子热运动能量很大，离子在电场作用下的定向迁移受到热运动的阻碍，极化减弱，ε_r 下降。因此，ε_r 随温度变化会出现极大值。由德拜方程可知，在温度不是很高的情况下，随着温度的升高，$\tan\delta$ 会出现极大值；而在温度非常高的情况下，由于电导损耗急剧上升，$\tan\delta$ 随温度的上升而急剧上升，如图 4.7 所示。

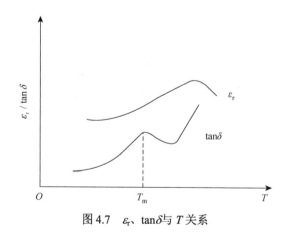

图 4.7 ε_r、$\tan\delta$ 与 T 关系

4.2.3   介电强度

介质材料在一定的电场强度和温度范围内可以保持绝缘、介电等特性，当电场强度超

过某一临界值时，介质会被击穿，介质由介电状态变为导电状态，这种现象称为介质的击穿。相应的临界电场强度称为介电强度。它是表征电介质基本性质的一个重要物理量，是决定电气、电子设备最终寿命的重要因素。

1）热击穿

介质在电场作用下，由于漏电流和极化损耗而发热，同时通过传导向环境中散发热量，如果产生的热量不能及时发散，介质散热与发热将处于不平衡状态，介质温度迅速升高，直到介质出现熔融和气化等永久性损坏，这就是热击穿。热击穿是介质在电场作用下由于热不平衡状态破坏的一种过程。介质热击穿不仅与介质的电导率 σ、损耗因子 ε'' 和外加电场的频率有关，还与散热条件和环境温度有关。

对于温度不均匀的厚膜介质，通过推导可以得到热击穿电压近似为

$$U_{b} \approx A\mathrm{e}^{\frac{B}{2T_0}} \tag{4.35}$$

式中：A、B 为与材料有关的常数。因此，热击穿电压随环境温度 T_0 的升高而降低，且热击穿电压与介质厚度无关，故介质厚度增大时，热击穿场强降低。

对于温度均匀薄膜介质，通过推导可以得到热击穿电压为

$$U_{b} = \left(\frac{d\Gamma}{\mathrm{e}\sigma_{T_0}\lambda} \right)^{1/2} \tag{4.36}$$

式中：d 为样品厚度；Γ 为热扩散系数（考虑热传导和热对流）；e 为自然对数的底；$\lambda = W/kT_0^2$（W 为电导活化能）。

2）电击穿

固体介质电击穿理论是在气体放电的碰撞电离理论基础上建立的。在强电场下，固体导带中可能因冷发射或热发射存在一些电子。这些电子一方面在外电场作用下被加速，获得动能；另一方面与晶格振动相互作用，把电场能量传递给晶格。当这两个过程在一定的温度和场强下平衡时，固体介质有稳定的电导；当电子从电场中得到的能量大于传递给晶格振动的能量时，电子的动能就越来越大，电子与晶格振动的相互作用导致电离产生新电子，使自由电子数迅速增加，击穿发生。

当电场强度增加到使平衡破坏时，碰撞电离过程便立即发生，把这一使碰撞电离发生的起始场强作为介质电击穿场强的理论，称为本征电击穿理论。本征电击穿与介质中的自由电子有关，室温下即可发生，发生时间很短，为 $10^{-8} \sim 10^{-7}\mathrm{s}$。根据本征击穿模型可知，击穿强度与试样形状无关，也就是说与试样厚度无关。

"雪崩"电击穿理论则以碰撞电离后自由电子数倍增到一定数值为电击穿判据。已知碰撞电离过程中，电子数以 2 n 的关系增加。若经 a 次碰撞，则共有 2^a 个电子，当 $a = 40$ 时，介质晶格就被破坏了，因此一般用此来说明"雪崩"击穿的形成，并称为"四十代理论"。

3）无机材料的击穿

不均匀介质中有晶相、玻璃相和气孔存在，这使无机材料的击穿性质与均匀材料不同。一般电导率小的介质承受的场强较高，电导率大的介质承受的场强较低。不均匀介质中可能首先存在局部的击穿，继而整体介质发生击穿。因此，材料的不均匀性往往引起击穿场强的降低。

材料中含有气泡时，气泡的ε及σ很小，因此气泡上的电场较高，而气泡本身的抗电强度比固体介质要低得多，所以首先气泡被击穿，引起气体放电（电离）。大量的气泡放电，一方面产生介电-机械-热击穿；另一方面在介质内引起不可逆的物理化学变化，使介质击穿电压下降。

固体介质表面放电与边缘击穿决定于电极周围媒质（电极的形状、相互位置）及电场的分布，还决定于材料的介电系数和电导率。因此，表面放电和边缘击穿电压并不能表征材料的介电强度，它与装置条件有关。

4.2.4　铁电性和热释电性

1. 铁电体的基本特征

某些晶体在一定温度范围内具有自发极化，并且自发极化方向可随外电场方向不同做可逆转动，晶体的这种性质称为铁电性。具有铁电性的晶体称为铁电体。铁电体的基本特征如下。

1）电滞回线

铁电体 **P-E** 电滞回线表明，铁电体的极化强度 **P** 与外加电场 **E** 之间呈现非线性关系，且自发极化方向可随外场方向而转向。从电滞回线可以得到三个重要的铁电参数：饱和极化强度 P_{sA}、剩余极化强度 P_r、矫顽场 E_c，如图 4.8 所示。电滞回线是判定晶体为铁电体的重要根据。

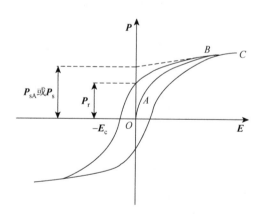

图 4.8　铁电体电滞回线

P_s—自发极化强度；E_c—矫顽场

2）存在临界温度——居里温度 T_C

铁电体具有铁电性的相结构称为铁电相，而不具有铁电性的相结构称为顺电相。居里温度是铁电体顺电相与铁电相的转变温度。有些晶体只有一个居里温度，如 $BaTiO_3$ 的居里温度为 120℃，而有的晶体在某一个温区内为铁电性，存在上、下两个铁电居里温度

T_C。例如，罗息盐（$KNaC_4H_4O_6 \cdot 4H_2O$）晶体，在$-18\sim24℃$为铁电区，其他温区为顺电相，具有两个居里温度。同时，铁电体的很多物理性能如介电、弹性、热学和光学等会在居里温度 T_C 附近出现反常现象。

2. 铁电体的分类

铁电性一般存在于具有非对称中心的晶体中。在 32 种点群里，具有自发极化的点群主要是 1、m、2、2 mm、3、3 m、6、6 mm、4、4 mm10 种，也称作 10 种极性点群。但这 10 种极性点群的晶体只有部分晶体的自发极化能随外电场而转向，也就是说 10 种极性点群中只有部分晶体是铁电晶体。铁电晶体种类繁多，结构和性能差异较大。根据不同的分类标准，可以得到不同类型的铁电体。

（1）按结晶化学可将铁电晶体分成三类：第一类是含氢键的晶体，属于这一类的铁电体有磷酸二氢钾（KDP）、三甘氨酸硫酸盐（TGS）、罗息盐（RS）等。这类晶体通常是从水溶液中生长出来的，也称为水溶性铁电体。第二类是双氧化物晶体，如 $BaTiO_3$（$BaO\text{-}TiO_2$）、$KNbO_3$（$K_2O\text{-}Nb_2O_5$）、$LiNbO_3$（$Li_2O\text{-}Nb_2O_5$）等，这类晶体是从高温熔盐中生长出来的，也称作硬铁电体。第三类为非氧化物铁电体，这是一类不含氧的无机铁电体，如碘硫化锑（SbSI）、溴硫化铋（BiSBr）、硫化铁（FeS）等。

（2）按相转变的微观机制可以分为两大类：一类是位移型铁电体，这类铁电体的顺电相到铁电相的相转变与离子的位移紧密联系。属于位移型铁电体的有 $BaTiO_3$、$LiNbO_3$ 等含氧的八面体结构双氧化物。另一类是有序-无序型转变的铁电体，这类铁电体的顺电相到铁电相的相转变与晶体中氢离子的有序化相联系，主要是包含氢键的晶体，这类晶体有磷酸二氢钾（KDP）、硫酸三甘肽等。

3. 位移型铁电体自发极化的微观机理

位移型铁电体主要是含有氧八面体的双氧化物晶体，其自发极化主要是晶体中某些离子偏离了平衡位置，使得单位晶胞中出现了电偶极矩，电偶极矩之间的相互作用使偏离平衡位置的离子在新的位置上稳定下来。与此同时，晶体结构发生了畸变。

$BaTiO_3$ 晶体为钙钛矿型结构，Ti^{4+} 位于氧八面体中心。在居里温度（120℃）以上，$BaTiO_3$ 晶体为立方结构，其氧八面体空腔大于 Ti^{4+} 的体积，Ti^{4+} 在氧八面体内有位移的余地。在较高温度（大于 120℃）时，因为离子热振动能比较大，Ti^{4+} 不可能在偏离中心的某一个位置固定下来，它接近周围 6 个 O^{2-} 的概率是相等的，所以晶体结构仍保持较高的对称性（等轴晶系），晶胞内不会产生电偶极矩，自发极化为零。当温度降低（小于 120℃）时，Ti^{4+} 的平均热振动能降低。那些因热涨落所形成的热振动能量特别低的 Ti^{4+} 不足以克服 Ti^{4+} 和 O^{2-} 间的电场作用，就有可能向一个 O^{2-} 靠近，如图 4.9 所示，在此新的平衡位置上固定下来，发生自发位移，并使这个 O^{2-} 出现强烈的电子位移极化，即发生了自发极化。自发极化的结果在 Ti^{4+} 位移的方向（c 轴）晶轴略有伸长，在其他方向（a 轴、b 轴）缩短，晶体从立方结构转变为四方结构。

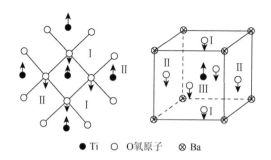

● Ti　○ O氧原子　⊗ Ba

图 4.9　四方结构 BaTiO$_3$ 中钛、氧离子位移情况

4. 铁电体的电畴结构

随着自发极化的建立，晶体的应变能和退极化场产生的静电能会提高，为了使晶体保持能量最低状态，晶体将分成许多自发极化方向相同的小区域，这些小区域称为铁电畴(简称电畴)。相邻两个电畴间的界面称为畴壁。但畴壁的存在引入了畴壁能，最终总自由能极小值的条件决定了电畴分布的稳定构型，即电畴结构，如图 4.10 所示。

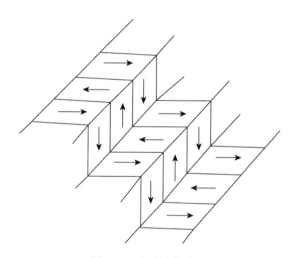

图 4.10　电畴结构类型

铁电体中电畴不能任意取向，只能沿着晶体的某几个特定晶向进行取向。四方晶型中存在 90° 和 180° 畴，正交晶系中存在 60° 和 120° 畴，菱方晶系中存在 71° 和 109° 畴。多晶陶瓷包含多个电畴，由于晶粒本身取向无规则，各电畴分布是混乱的，对外不显示极性。铁电畴在外电场作用下，总是要趋向于与外电场方向一致，这过程称作电畴"转向"，电畴的实际运动是通过在外电场作用下新畴的出现、发展及畴壁的移动来实现的。铁电体的电滞回线是铁电畴在外电场作用下运动的宏观描述。

5. 铁电相变

1）铁电-顺电相变

铁电陶瓷中的铁电（ferroelectric，FE）-顺电（paraelectric，PE）相变指的是铁电体在居里温度附近发生铁电相到顺电相的相互转变。铁电晶体中不同结构的铁电相之间的转变称为铁电相变。而反铁电到铁电的相转变过程，称为反铁电相变。反铁电相变按其物理本质接近于铁电相变。这些铁电-顺电相变、铁电-铁电相变及反铁电-铁电相变等在相转变过程中都伴有结构的转变。温度和外界电场作用均能产生以上相变过程。

2）铁电陶瓷中的扩散相变

在许多复杂组成的铁电陶瓷中，铁电相变不是发生在一定的温度点上，而是发生在一个扩展的温区中，将这种扩展于相当宽温区中的相变称为扩散相变（diffuse phase transition，DPT）。复合钙钛矿型结构铁电体大部分具有 DPT。

造成铁电陶瓷中相变扩张的原因主要有热起伏、应力起伏、成分起伏和结构起伏等。

3）铁电陶瓷中的准同型相变

在固溶体材料中，随着组成变化而产生的结构相变，称为准同型相变（morphotropic phase transition，MPT）。在钙钛矿型化合物的固溶体中具有 MPT 的系统很多。例如，锆钛酸铅（PZT）陶瓷中，在 Zr/Ti = 52/48 的组成附近，存在三方-四方共存区域，即三方-四方准同型相界。一般来说，在准同型相界附近组成的压电陶瓷，其许多压电参数（如机电耦合系数 k_p 和压电常数 d）和介电参数（如介电常数 ε）出现最大值。

6. 弛豫铁电体

对于一些复合钙钛矿型化合物，它们既有明显的铁电性，又呈现出强烈的弛豫特性。这类材料便被称为 DPT 型铁电体或弛豫铁电体（relaxor ferroelectrics，RFE）。弛豫铁电体具有极高的介电常数、相对低的烧结温度及由"弥散相变"引起的较低的电容温度变化率，大的电致伸缩系数和几乎无滞后的特点。

弛豫铁电体具有以下基本特征：

（1）弥散相变，即铁电到顺电相变是一个渐变的过程，表现为介电常数与温度关系曲线中介电峰的宽化。

（2）频率色散，即介电和损耗峰值对应的温度随着测试频率的提高向高温方向移动，而介电峰值和损耗峰值分别略有降低与提高。

（3）在转变温度 T_m 以上仍然存在较大的自发极化强度。

弛豫铁电体主要有复合钙钛矿型弛豫铁电体、钨青铜型弛豫铁电体和聚合物弛豫铁电体，其中复合钙钛矿型弛豫铁电体是近年来研究得最多的一类。典型的复合钙钛矿型弛豫铁电体材料为镁铌酸铅（PMN）、锌铌酸铅（PZN）和钽钪酸铅（PST）[Pb（$Sc_{1/2}Ta_{1/2}$）O_3]等。弛豫铁电体的宏观性质是与其微观结构密切相关的，复合钙钛矿型弛豫铁电体的一个显著特点是它的结构在不同尺度上显示出很大的不同。关于弛豫铁电体极化弛豫的原因，最有代表性的理论是斯摩棱斯基（G. A. Smolenskii）提出的成分起伏理论。

7. 铁电体的应用

（1）铁电存储：利用电场调控下的极化状态变化，铁电材料可以应用于铁电存储。

（2）光学应用：利用电光效应，铁电晶体在激光技术中有非常广泛的应用，如 $LiNbO_3$、$LiTaO_3$、钽铌酸钾（KTN）等，用作光倍频器、光偏转器、光波导、光调制器等。

（3）储能应用：利用铁电体介电常数随温度的变化特性，铁电材料应用于大容量电容器领域。

8. 热释电性

1）热释电效应

热释电效应是自发极化强度随温度发生改变，并在特定方向产生表面电荷的现象，其宏观上是温度的改变使材料两端出现电压或产生电流。具有热释电效应（或热释电性）的晶体称作热释电体。一般只在存在唯一极化轴的晶体中，才有可能由热膨胀引起自发极化变化而导致热释电效应。

在 32 种晶体点群对称性中，有 10 种点群的晶体具有自发极化，它们都具有热释电效应，它们也被称作极性晶体。经过强直流电场处理的铁电陶瓷和驻极体，其性能可按极性点群晶体来描写，也具有热释电效应。

可以用热释电系数从定量上描述热释电效应的强弱：

$$p_m = \frac{\partial P_m}{\partial T} \quad (m = 1, 2, 3) \tag{4.37}$$

式中：P 为极化强度；T 为温度；m 为坐标轴方向。

在加热时，如果靠正端的一面产生正电荷，就定义热释电系数为正，反之为负。

2）热释电材料

目前，热释电材料主要可以分为三种：单晶材料、高分子有机聚合物及复合材料、金属氧化物陶瓷及薄膜材料，主要应用于热释电红外探测器、热释电测温仪、热释电摄像仪等。

4.2.5　压电性

1. 压电效应

当在介质晶体一定方向上施加机械应力时，在其两端表面上会出现数量相等、符号相反的束缚电荷，而且在一定范围内电荷密度与作用力成正比。反之，在电场作用下，介质晶体产生形变，在一定范围内，其形变与电场强度成正比。前者称为正压电效应，后者称为逆压电效应，统称为压电效应。具有压电效应的物体称为压电体。

压电效应与晶体的结构对称性有关。只有不具有对称中心的晶体才具有压电效应。在 32 种宏观对称类型中，不具有对称中心的有 21 种，其中有 1 种（点群 432）压电常数为零，其余 20 种都具有压电效应。在 21 种无对称中心的晶体中，有 10 种含有唯一的极性轴，它们是极性晶体，而极性轴能随外电场转向的晶体只是其中的一部分。因此，电介质、压电体、热释电体、铁电体的关系如图 4.11 所示。

具有压电效应的压电晶体虽然有很多，但是实际应用比较广泛的大多数是压电陶瓷材料。由于多晶陶瓷中晶粒取向随机，各晶粒间压电效应会相互抵消，宏观上不呈现压电效应。压电陶瓷要想获得压电性能，需要将压电陶瓷进行极化处理。

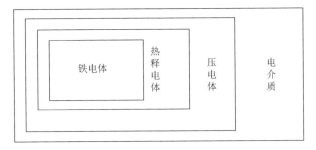

图 4.11　电介质、压电体、热释电体和铁电体的关系

2. 压电材料的基本性质

压电效应反映了压电晶体弹性性能（机械能）和介电性能（电能）之间的耦合作用。压电体的性质主要包括介电性能、弹性性能和压电性能等。

1）介电性能与介电常数

对于固体介质，存在

$$D_i = \varepsilon_{ij} E_j \quad (i, j = 1, 2, 3) \tag{4.38}$$

式中：电位移 $\boldsymbol{D}$ 和电场强度 $\boldsymbol{E}$ 都为一阶张量；介电常数 $\boldsymbol{\varepsilon}$ 为二阶张量。由于实验发现 ε_{ij} 为二阶对称张量，$\varepsilon_{ij} = \varepsilon_{ji}$，其独立分量最多为 6 个（$\varepsilon_{11}$、$\varepsilon_{22}$、$\varepsilon_{33}$、$\varepsilon_{12}$、$\varepsilon_{13}$、$\varepsilon_{23}$）。电介质独立的介电常数个数与其对称性有关，对称性越高，独立介电常数的数目越少，对称性越低，其独立的介电常数数目越多。

经过极化的压电陶瓷，它成为一种各向异性电介质，其对称性相当于圆柱体的对称性（∞mm），经过证明压电陶瓷独立的介电常数只有 2 个，即 ε_{11} 和 ε_{33}。

2）弹性性能与弹性常数

在压电学范畴，一般是在弹性限度内研究压电体的形变，即弹性形变，且满足胡克定律。应变 $\boldsymbol{S}$、应力 $\boldsymbol{T}$ 都为二阶对称张量，$T_{ij} = T_{ji}$，$S_{ij} = S_{ji}$，为了表示方便，可以缩减下标，独立的分量只有 6 个，即 $T_{11} = T_1$、$T_{22} = T_2$、$T_{33} = T_3$、$T_{23} = T_{32} = T_4$、$T_{13} = T_{31} = T_5$、$T_{12} = T_{21} = T_6$，其中 T_1、T_2、T_3 为正应力，T_4、T_5、T_6 为切应力。正应变 $S_{1 \sim 3} = \dfrac{\Delta l_{1 \sim 3}}{l_{1 \sim 3}}$。切应变为

$$S_4 = \theta_{23} + \theta_{32}, \qquad S_5 = \theta_{13} + \theta_{31}, \qquad S_6 = \theta_{12} + \theta_{21}$$

相应的弹性刚度常数 $\boldsymbol{c}$、弹性柔顺常数 $\boldsymbol{s}$ 称为对称四阶张量，但独立的张量数为 21 个，随着晶体对称性的提高，张量数还会减少。由于 $\boldsymbol{S}$、$\boldsymbol{T}$ 为二阶对称张量，晶体的弹性常数与晶体结构的对称性关系密切，通常是晶体的对称性越高，其独立的弹性常数数目越少。

3）压电性能与压电常数

根据压电效应，可知

$$D_i = d_{ij} T_j \quad (i, j = 1, 2, 3) \tag{4.39}$$

式中：$\boldsymbol{D}$ 为一阶张量；$\boldsymbol{T}$ 为二阶张量；T_j 用的是简化表示方法。那么 $\boldsymbol{d}$ 为三阶张量，d_{ij} 的下标 i 表示电场方向或极化方向，j 表示应力方向或应变方向。

对于压电体，在某个方向上是否产生正压电效应，主要取决于该方向上应力施加前后极化状态的变化。如果极化状态没有发生变化，就不呈现压电效应。

对于压电陶瓷，独立的压电常数有 d_{15}、d_{31}、d_{33}，其矩阵形式如下：

$$\begin{pmatrix} D_1 \\ D_2 \\ D_3 \end{pmatrix} = \begin{pmatrix} 0 & 0 & 0 & 0 & d_{15} & 0 \\ 0 & 0 & 0 & d_{15} & 0 & 0 \\ d_{31} & d_{31} & d_{33} & 0 & 0 & 0 \end{pmatrix} \begin{pmatrix} T_1 \\ T_2 \\ T_3 \\ T_4 \\ T_5 \\ T_6 \end{pmatrix} \tag{4.40}$$

3. 压电方程

压电方程反映弹性变量（即应力 T、应变 S）和电学变量（即电场 E、电位移 D）之间的关系。根据应用状态或测试条件的不同，压电振子存在力学（机械）边界条件和电学边界条件。对于不同的边界条件和不同的自变量，可以得到不同的压电方程组。

第一类压电方程：机械自由和电学短路，T 和 E 为自变量，S 和 D 为因变量。

$$\begin{cases} D = dT + \varepsilon^{\mathrm{T}} E \\ S = s^{\mathrm{E}} T + d'E \end{cases} \tag{4.41}$$

第二类压电方程：机械夹持和电学短路，S 和 E 为自变量，T 和 D 为因变量。

$$\begin{cases} T = c^{\mathrm{E}} S - eE \\ D = e'S + \varepsilon^{\mathrm{S}} E \end{cases} \tag{4.42}$$

第三类压电方程：机械自由和电学开路，T 和 D 为自变量，S 和 E 为因变量。

$$\begin{cases} S = s^{\mathrm{D}} T + gD \\ E = -g'T + \beta^{\mathrm{T}} D \end{cases} \tag{4.43}$$

第四类压电方程：机械夹持和电学开路，S 和 D 为自变量，T 和 E 为因变量。

$$\begin{cases} T = c^{\mathrm{D}} S - hD \\ E = -h'S + \beta^{\mathrm{S}} D \end{cases} \tag{4.44}$$

上面四组方程式中：d、e、g 和 h 都是压电常数张量，分别称为压电应变常数、压电应力常数、压电电压常数、压电刚度常数；d'、e'、g' 和 h' 分别是 d、e、g 和 h 的转置矩阵形式，β 和 ε、c 和 s 互为逆矩阵，分别为介电隔离常数张量、介电常数张量、弹性刚度常数张量、弹性柔顺常数张量；上标表示该物理量为零或为常数，代表不同的边界条件。

4. 压电振动模式与压电参数

压电振子是最基本的压电元件，它是被覆激励电极的压电体。压电元件在交变电场作用下会发生机械振动。元件样品的几何形状和极化方式不同，可以形成各种振动模式，具体包括长度伸缩振动、纵向伸缩振动、径向伸缩振动、厚度伸缩振动、厚度切变振动等模式。

压电元件的性能参数主要有频率常数、机电耦合系数和机械品质因数。而不同的振动模式压电元件的性能参数会不相同。

5. 压电材料

1）压电单晶

非铁电性的压电晶体：α 石英晶体、锗酸铋 $Bi_{12}GeO_{20}$（BGO）、α-$AlPO_4$、硅酸镓镧 $La_3Ga_5SiO_{14}$（LGS）等，主要用于制备低损耗的谐振器、宽频带的滤波器及声表面波器件。

铁电性的压电晶体：具有钙钛矿型结构的铁电晶体如 PZT 晶体、三元复合体系 PMN-PZT 或 PZN-PZT 晶体；具有钨青铜结构的铁电晶体如 $BaSrNb_2O_6$；含有氢键的铁电晶体如 KH_2PO_4；含铋层状结构的铁电晶体如 $Bi_4Ti_3O_{12}$ 等材料。

2）压电陶瓷

常见压电陶瓷材料结构有：钙钛矿型结构、钨青铜结构、铋层状结构等，但钙钛矿型结构性能优异、结构简单，是压电陶瓷材料中非常重要的材料体系。

3）压电聚合物

压电聚合物中最具代表性的物质是聚偏二氟乙烯（polyvinylidene fluoride，PVDF）及其共聚物。

4.3　重点与难点

（1）极化的物理本质。
（2）极化能力的参数表征。
（3）克劳修斯-莫索提方程的物理含义及应用范围。
（4）七大极化类型的基本特点及其对介电常数的贡献。
（5）多晶多相无机介质材料介电常数的计算。
（6）交变电场下介质损耗的贡献。
（7）复电导率和复介电常数。
（8）介质弛豫特性。
（9）德拜方程的物理含义及应用范围。
（10）根据德拜方程，分析介电常数和介质损耗随温度与频率的变化规律。
（11）介电击穿的分类。
（12）无机电介质材料的介质击穿现象。
（13）铁电体的基本特征。
（14）位移型铁电体产生自发极化的机理。
（15）铁电畴的结构类型及电场作用下电畴的反转。
（16）铁电相变的分类及特征。
（17）弛豫铁电体的特征及弛豫机制。
（18）热释电效应。

（19）压电效应及压电体。

（20）电介质、压电体、铁电体和热释电体之间的关系。

4.4　基本概念与重要公式

1. 基本概念

宏观平均电场、退极化场、局部电场；

偶极矩、极化率、极化强度；

极化、电子位移极化、离子位移极化、离子松弛极化、电子松弛极化、偶极子转向极化、空间电荷极化、自发极化；

介质弛豫、介质损耗；

介电强度、热击穿、电击穿；

铁电体、铁电性、铁电相、顺电相、铁电畴、弛豫铁电体；

热释电效应；

压电效应。

2. 重要公式

偶极矩：

$$\boldsymbol{\mu} = q\boldsymbol{l}$$

极化率：

$$\alpha = \frac{\boldsymbol{\mu}}{\boldsymbol{E}_{loc}}$$

克劳修斯-莫索提方程：

$$\frac{\varepsilon_r - 1}{\varepsilon_r + 2} = \frac{N\alpha}{3\varepsilon_0}$$

电子位移极化率：

$$\alpha_e = \frac{4}{3}\pi\varepsilon_0 R^3$$

离子位移极化率：

$$\alpha_i = \frac{q^2}{k_B} = \frac{12\pi\varepsilon_0 a^3}{A(n-1)}$$

离子松弛极化率：

$$\alpha_T = \frac{q^2\delta^2}{12k_B T}$$

偶极子转向极化率：

$$\alpha_d = \frac{\bar{\mu}}{\boldsymbol{E}_{loc}} = \frac{\mu_0^2}{3k_B T}$$

介质损耗率：

$$p = \frac{P_{\text{w}}}{V} = \frac{GU^2}{V} = \sigma E^2$$

复介电常数：

$$\varepsilon^* = \frac{\sigma^*}{\text{i}\omega} = \varepsilon - \text{i}\frac{\sigma}{\omega}, \qquad \varepsilon^* = \varepsilon' - \text{i}\varepsilon''$$

介质损耗角正切值：

$$\begin{cases} \tan\delta = \dfrac{\sigma}{\omega\varepsilon} \\ \tan\delta = \dfrac{\varepsilon''}{\varepsilon'} \end{cases}$$

德拜方程：

$$\varepsilon_{\text{r}}(\omega) = \varepsilon_\infty + \frac{\varepsilon(0) - \varepsilon_\infty}{1 + \text{i}\omega\tau}$$

$$\begin{cases} \varepsilon_{\text{r}}' = \varepsilon_\infty + \dfrac{\varepsilon(0) - \varepsilon_\infty}{1 + \omega^2\tau^2} \\ \varepsilon_{\text{r}}'' = \dfrac{[\varepsilon(0) - \varepsilon_\infty]\omega\tau}{1 + \omega^2\tau^2} \end{cases}$$

$$\tan\delta = \frac{\varepsilon''}{\varepsilon'} = \frac{[\varepsilon(0) - \varepsilon_\infty]\omega\tau}{\varepsilon(0) + \omega^2\tau^2\varepsilon_\infty}$$

以上公式中各物理量含义参见教材。

4.5　习　　题

1. 在 25℃时水的介电常数是 81，计算在 10^5V/m 电场下的极化强度。

2. 在一个正三角形的三个顶点上，分别有 + 2 e，–e 与–e 三个电荷，设边长为 l，试求这个系统的偶极矩。

3. 某气体由极性分子构成，每个极性分子的偶极矩为 3.34×10^{-30}C·m，计算在室温下使此气体达到 0.1%取向极化饱和值时所需要的电场。

4. 图 4.12 是某立方结构的电介质在外电场 $E_{\text{外}}$ 中被极化的示意图。请分别阐述 E_1、E_2、E_3 分别是由何产生的，质点 Y 处的有效电场与 $E_{\text{外}}$、E_1、E_2、E_3 间有何关系？

5. 什么是极化？介质中的极化形式主要有哪几种？各具有什么特点？并指出不同极化方式分别在何频率范围内对电介质的介电常数产生贡献。

6. 试比较电介质中的位移极化和松弛极化的异同。研究电介质的极化机制与频率关系有什么实际意义？如何判断电介质是具有松弛极化的介质？

7. 简述离子位移极化、离子松弛极化、离子电导的区别。

8. 为何在不均匀的介质中易产生空间电荷极化？

9. 已知金刚石、NaCl、水三种介质在低频和光频下的相对介电常数如表 4.2 所示，试分析其中存在的各种极化方式。

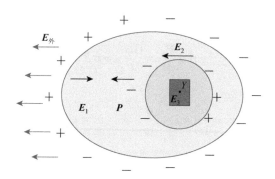

图 4.12　电介质中的电场及极化示意图

表 4.2　三种介质在不同频率下的相对介电常数

介质	光频下 ε_r	低频下 ε_r
金刚石	5.66	5.68
NaCl	2.25	5.90
水	1.77	80.40

10. 氦的原子半径为 0.6×10^{-10} m，试计算电子位移极化率。当外加电场强度为 500 kV/m 时，试计算原子核与电子云中心间的距离。

11. 一氧化氮的固有偶极矩 $\mu_0 = 3.34 \times 10^{-31}$ C·m，求这种气体在室温（300K）下的偶极子转向极化率。

12. 请写出克劳修斯–莫索提方程，简述其物理意义，并根据该方程分析制备高介电常数材料的途径。

13. 试说明非极性气体的外加电场与分子的局部电场可视为相等，即 $E = E_{loc}$；而局部电场 $E_{loc} = (\varepsilon_r + 2) \times E/3$，只适用于对称性结构，如立方晶体、弱极性液体、小球介质等。克劳修斯–莫索提方程的适用范围又如何？

14. 已知 He 原子（单原子气体）的极化率为 2.19×10^{-41} F·m²，计算在标准状态下，其相对介电常数 ε_r 及折射率 n，并与实验数据 $\varepsilon_r = 1.000074$ 及 $n = 1.000035$ 相比较，并说明原因。

15. 已知 Ar 原子的电子位移极化率是 1.7×10^{-40} F·m²，其固态 Ar（84 K 以下），密度是 1.8 g/cm³，请分别计算标准状态下 Ar 气和固态 Ar 的静态介电常数，比较两者的大小并说明原因。

16. 已知 CsCl 晶体为简单立方点阵结构，晶格常数为 0.412 nm，Cs^+ 和 Cl^- 离子的电子位移极化率分别为 3.35×10^{-40} F·m² 和 3.40×10^{-40} F·m²，每对离子对的平均离子极化率为 6×10^{-40} F·m²，请根据克劳修斯–莫索提方程计算直流电场和光频电场下的介电常数。

17. 已知某种晶体为氯化铯型晶体结构，正、负离子半径分别为 $r^+ = 1.5 \times 10^{-10}$ m，$r^- = 1.8 \times 10^{-10}$ m。试求出其在直流电场下的介电常数 ε（已知晶体离子间电子云排斥能指数 = 9，马德隆常数 = 1.7）。

18. 已知某晶体为岩盐型结构，极化形式以电子和离子位移极化为主，正、负离子的半径分别为 0.97 Å 和 1.81 Å，晶体离子间电子云排斥能指数 = 9，马德隆常数 = 1.75，试利用克劳修斯-莫索提方程求其在直流电场下的介电常数。

19. 已知硅的相对原子量为 28，密度为 2.328 g/cm³，电子位移极化率为 4.1×10^{-40} F·m²，试计算硅的折射率 n（已知 $\varepsilon_0 = 8.85\times10^{-12}$ F/m，阿伏伽德罗常数 $N_A = 6.02\times10^{23}$ mol⁻¹，$\varepsilon_r = n^2$）。

20. 已知单晶 Si 为金刚石结构，其相对介电常数为 12，晶格常数为 5.43×10^{-10} m，求 Si 的极化率。

21. 无定形硒（a-Se）是一种高阻半导体，其密度为 4.3 g/cm³，相对原子量为 78.96，测得其 1 kHz 时的相对介电常数为 6.7，计算该结构中 Se 原子的极化率。

22. 正交结构 $BaSiO_3$ 陶瓷的 X 射线衍射（x-ray diffraction，XRD）图谱及主要衍射峰的位置信息如图 4.13 所示，X 射线波长为 1.5417 Å。已知 $BaSiO_3$ 晶胞中的化学式个数 Z 为 4，陶瓷的实测密度为 4.21 g/cm³，请根据 XRD 数据：

（1）计算 $BaSiO_3$ 的晶格常数、晶胞体积和理论密度，并根据实测密度计算陶瓷材料的相对密度（或致密度）；

（2）$BaSiO_3$ 中，$\alpha_i[Ba^{2+}] = 1.72\times10^{-40}$ F·m²，$\alpha_i[Si^{4+}] = 1.84\times10^{-42}$ F·m²，$\alpha_i[O^{2-}] = 4.3\times10^{-40}$ F·m²，请根据克劳修斯-莫索提方程计算光频下 $BaSiO_3$ 陶瓷材料的介电常数，并分析计算结果与直流电场下实测结果之间的差异。

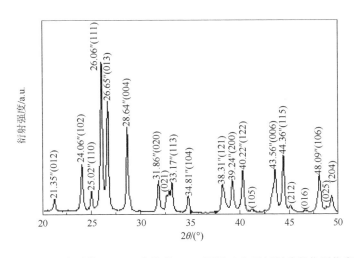

图 4.13　正交结构 $BaSiO_3$ 陶瓷的 XRD 图谱及主要衍射峰的位置信息

23. 说明 TiO_2 晶体为什么具有较高的介电常数。

24. 高密度集成电路金属互联层间的隔离层介质的介电常数是影响芯片速度的因素之一，通常需要选用低介电常数的材料。SiO_2 是常用隔离介质层材料，其介电常数为 3.9，多孔 SiO_2 材料的介电常数会降低。现有多孔 SiO_2 材料的相对介电常数为 2.5，试根据麦克斯韦（Maxwell）公式计算多孔 SiO_2 中气孔的体积分数是多少？

25. 电介质的极化类型中哪几种属于无损耗极化？哪几种属于有损耗极化？

26. 什么是介质损耗？影响介质损耗的因素有哪些？并说明工程上为何以 $\tan\delta$ 来表示介质损耗？

27. 在交变电场的作用下，实际电介质的介电常数为什么要用复介电常数来描述？

28. 已知聚碳酸酯和氧化铝广泛应用于电工电子领域的绝缘或基板材料，在 60 Hz 下，聚碳酸酯的介电常数和介电损耗分别为 3.17 与 9×10^{-4}，氧化铝的介电常数和介电损耗分别为 8.5 与 1×10^{-3}，请计算在 100 kV/cm 下聚碳酸酯和氧化铝的介质损耗率分别为多少？

29. 已知以硅橡胶为介质的电容器在室温下的介电性能如表 4.3 所示，如果将电容器的能量存储和介电损耗等效为一个并联电路，试计算对于 600 pF 的硅橡胶电容器，其在 60 Hz 下的等效并联电导是多少？10 MHz 下其等效并联电导有什么变化？

表 4.3　硅橡胶的介电性能

材料	f = 60 Hz		f = 10 MHz	
	ε'_r	$\tan\delta$	ε'_r	$\tan\delta$
硅橡胶	3.7	2.25×10^{-2}	2.8	4.5×10^{-3}

30. 用什么方法可以说明极性介质的弛豫时间是分布函数？

31. 分析实际电介质中的损耗角正切 $\tan\delta$ 与 ω 之间的关系。

32. 电介质中为什么有能量损耗？在直流和交流电压下，电介质中的能量损耗是否相同？为什么？

33. 什么是极化弛豫现象？在电场作用下，松弛极化强度随时间变化的表达式是什么？并画出其 P-t 曲线。

34. 已知电介质的静态介电常数 ε_r = 4.5，折射率 n = 1.48，温度 t = 25℃时，极化弛豫常数 τ = 1.6×10^{-3} s，分别求出在 25℃下，50 Hz 和 10^6 Hz 时的 ε'_r、ε''_r 和 $\tan\delta$。

35. 简述在一定的温度和频率下，介质的 ε'_r、ε''_r 和 $\tan\delta$ 随频率的变化关系。

36. 假设介质中存在漏导电流，分析介质的 ε'_r、ε''_r 和 $\tan\delta$ 随温度、频率的变化关系，并画出其变化特性曲线。

37. 介质的德拜方程为 $\varepsilon = \varepsilon_\infty + (\varepsilon_0-\varepsilon_\infty)/(1+\omega\tau)$，回答下列问题：

（1）给出 ε'_r、ε''_r 和 $\tan\delta$ 的表达式；

（2）画出在一定温度下的 ε'_r、ε''_r 的频率曲线，并给出 ε''_r 和 $\tan\delta$ 的极值频率；

（3）画出在一定频率下的 ε'_r、ε''_r 的温度曲线。

38. 简述复介电常数虚部及介质的介电常数和温度的关系曲线（图 4.14）所表示的物理意义。

39. 已知某介质具有极化弛豫特征，介质损耗峰 ε'' 对应的频率为 8 kHz，其 Cole-Cole 圆为一个半圆，且该介质的静态介电常数和光频介电常数分别为 5.6 与 3.2，

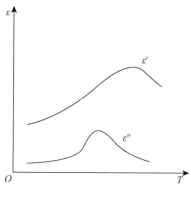

图 4.14　ε_r 与 T 的关系

试计算在 20 kHz 下的介电常数 ε'_r 和介质损耗 $\tan\delta$。

40. 什么是介质击穿和介电强度？固体电介质的击穿类型有哪几种？分析影响固体介电击穿的因素有哪些？

41. 介质发生热击穿的条件是什么？如何提高材料的热击穿电压？

42. 什么是局部击穿？局部击穿对材料介电强度的影响是怎样的？

43. 为什么实际的介质击穿强度随试样厚度的增加而减小？

44. 介电强度是一个本征性质还是非本征性质？对于同样的样品，什么因素会导致样品的介电强度降低？

45. 在双层串联复合介质中，

（1）直流电场下，复合介质中为何出现空间电荷极化？

（2）交变电场下，复合介质的介电常数 ε、电导率 σ 和损耗角正切值 $\tan\delta$ 与各层介质相应参数的关系如何？

（3）以双层串联复合介质模型为例，分析说明介质的不均匀性为何能引起介质击穿强度的降低？

46. 什么是铁电体？铁电体的基本特征有哪些？

47. 铁电晶体的 $P\text{-}E$ 曲线在交变电场下是一个回线，因此铁电晶体也称作非线性介质。请画出铁电体的电滞回线，并在图中标出铁电体的特征参数。

48. 什么是铁电畴？请用在交变电场下铁电畴的运动解释电滞回线的形成机制。

49. 通常利用电滞回线来判定材料的铁电性，但"香蕉型"电滞回线（$Ba_2ZnSi_2O_7$ 陶瓷的未饱和电滞回线，如图 4.15 所示）可能由非本征的外部因素（如电导）所致，因此不能将其作为材料本征铁电性的判据。试分析产生"香蕉型"电滞回线的原因和形成过程，如何排除非本征的外部因素的影响来确定材料的本征铁电性？

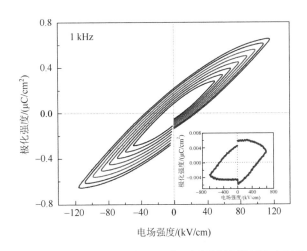

图 4.15　$Ba_2ZnSi_2O_7$ 陶瓷的"香蕉型"电滞回线，插图为该材料的本征铁电性电滞回线

50. 图 4.16（a）为单斜 $Ba_2ZnSi_2O_7$ 相的选区电子衍射图，请根据光斑指标化结果计算晶带轴方向。图 4.16（b）为分别套住（$\overline{1}30$）和（$\overline{2}02$）光斑（即 g 矢量分别为 $g_{\overline{1}30}$ 和

g_{202}）所观察到的电畴图，可发现区域 a_1、a_2 和 a_3 的颜色均发生反转变化，说明该电畴畴壁方向应为两矢量间的夹角，请计算该畴壁方向。

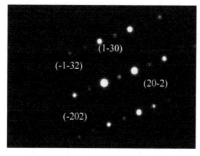 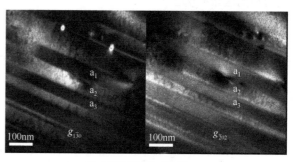

(a) 单斜$Ba_2ZnSi_2O_7$相的选区电子衍射图   (b) 电畴颜色变化对比图

图 4.16 $Ba_2ZnSi_2O_7$ 的 TEM 照片及电子衍射花斑

51. 比较 KDP 铁电相变与 $BaTiO_3$ 铁电相变的异同。

52. 已知 $CaTiO_3$、$BaTiO_3$ 的晶格常数分别为 3.80Å、4.01Å，Ba^{2+}、Ca^{2+}、Ti^{4+}、O^{2-} 离子的半径分别为 1.43Å、1.06Å、0.64Å、1.32Å，试分析为何 $BaTiO_3$ 具有铁电性而 $CaTiO_3$ 不具有铁电性。

53. 图 4.17 为 $BaTiO_3$ 钙钛矿型结构示意图，试分别指出其氧原子、钛原子、钡原子在该结构中所处的位置。并且分析在 $T \leqslant T_C$（T_C 为居里温度）的温区内，$BaTiO_3$ 内部产生自发极化的微观机理，利用其铁电性可以制作哪些电子元器件？

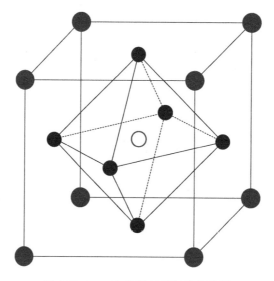

图 4.17 $BaTiO_3$ 钙钛矿型结构示意图

54. 与正常铁电体相比，弛豫铁电体有哪些特征？你觉得它可以在哪些领域得以应用？

55. 什么是压电效应？从晶体结构对称性角度说明哪些晶体具有压电效应？

56. 压电体、热释电体、铁电体在晶体结构上有什么区别？

57. 已知 $Pb(Zr_{1-x}Ti_x)O_3$（简写为 PZT）材料在 Zr/Ti = 52/48 附近为其准同型相界，试分析：

（1）当 x 为多少时 PZT 陶瓷材料具有优异的压电性能？为什么？

（2）画出室温时 PZT 陶瓷的相对介电常数 ε_r、损耗角正切 $\tan\delta$ 随 Ti 含量 x 变化的示意图；

（3）烧结好的 PZT 陶瓷需要做什么处理才能显示出压电效应？

第 5 章

电子材料的磁学性能

5.1 基 本 要 求

理解各磁学量的物理概念及其相互关系；掌握物质磁性的起源、分类及其特征。掌握原子磁矩的计算方法，弄清物质的原子磁矩与自由原子磁矩之间的关联，明白铁族、稀土金属原子（或离子）磁矩的特点，理解轨道角动量冻结。掌握分子场和定域分子场理论的内容及其应用，理解直接交换作用和超交换作用的机制，弄清铁磁性、亚铁磁性和反铁磁性物质磁学性能之间的差异。理解磁畴的形成及运动，掌握磁化过程中的磁化机制，了解静态磁参数及其影响因素；理解动态磁化过程中的各种损耗及其机理，弄清动态磁化过程与静态磁化过程的异同；掌握在恒定磁场和交变磁场作用下，铁磁体出现的一些新现象及原理和应用。了解磁阻效应及其来源与应用，了解磁光效应的种类与应用。

5.2 主 要 内 容

5.2.1 材料的磁性

磁矩是表示磁性本质的一个物理量。任何一个封闭的电流都具有磁矩 μ_m，单位为 $A \cdot m^2$，其方向与环形电流法线的方向一致，大小为电流 I 与封闭环形的面积 S 的乘积，即

$$\mu_m = IS$$

磁荷观点则认为，磁性材料的最小单元是磁偶极子 p_m，磁偶极子由一对相距 l 的带负磁荷 $-q_m$ 的 S 极和带正磁荷 q_m 的 N 极组成，即

$$p_m = q_m l$$

方向由负磁荷指向正磁荷。材料的磁性是指材料在外磁场中被磁化，能够感应出磁矩的性能。

1. 基本磁学量

磁场是一种场，其特性可用在场内运动着的带电粒子所受的力来确定。运动的电荷或永磁体都可以产生磁场。流过电流 I 的导线 dl 在距离导线 r 处所产生的磁场强度 H 可由毕奥-萨伐尔（BiotSavart）定律

$$dH = \frac{Idl\sin\theta}{4\pi r^2}$$

来计算。介质在磁场的作用下会被磁化，介质被磁化的程度可用磁化强度 M 来描述，即单位体积内磁矩的矢量和。磁场作用下，磁介质中感生出的磁化强度的大小可用磁化率 χ 表示，即

$$M = \chi H$$

在磁场作用下，材料内部的磁通量密度称为磁感应强度 B，它源于两部分的贡献：一部分来自磁场，另一部分来自磁化强度。由于自由空间的磁感应是 $\mu_0 H$，类似地，将材料的磁化强度对磁感应的贡献用 $\mu_0 M$ 来表示，则可以得到 B、H、M 三者之间的关系为

$$B = \mu_0(H + M) = \mu H$$

其比例系数 μ 为介质的磁导率。这些磁学参量的总结如表 5.1 所示。

表 5.1　常用磁学参量及其单位

磁学量	符号	单位		备注
		国际单位制	高斯单位制	
磁偶极矩	j_m	Wb·m	emu	磁极强度 m 与磁极间距 l 的乘积，方向由 S 极指向 N 极
磁矩	μ_m	A·m^2	emu	磁偶极子等效平面回路的电流与回路面积的乘积，方向由右手螺旋定则确定； $1\text{A·m}^2 = 10^3\,\text{emu}$
磁化强度	M	A/m	Gs	单位体积内磁矩的矢量和； $1\text{A/m} = 10^{-3}\,\text{emu/cc} = 10^{-3}\text{M}\,\text{Gs}$
磁极化强度	J	T	Gs	单位体积内磁偶极矩的矢量和； 国际单位制中 $J = \mu_0 M$；高斯单位制中 $J = M$； $1^J\text{T} = 10^4/(4\pi)^J\text{Gs}$，$1^J\text{Gs} = 1^M\text{Gs}$
磁感应强度 （磁通密度）	B	T（或 Wb/m^2）	Gs	$F = qv \times B$，由移动的电荷或电流产生，对运动电荷及电流有力的作用； $1^B\text{T} = 10^{4B}\text{Gs}$
磁场强度	H	A/m	Oe	$F = mH$，单位强度的磁场对应于 1Wb 强度的磁极受到 1 N 的力，仅由外部导体电流决定； $1\text{A/m} = 4\pi \times 10^{-3}\text{Oe}$
磁化率	χ	无量纲	无量纲	$M = \chi H$，χ（国际单位制）$= 4\pi\chi$（高斯单位制）
真空磁导率	μ_0	H/m	无量纲	国际单位制中，$\mu_0 = 4\pi \times 10^{-7}\text{H/m}$；高斯单位制中，$\mu_0 = 1$
磁导率	μ	H/m		$B = \mu H$
相对磁导率	μ_r	无量纲		
磁场方程		$B = \mu_0(H + M)$ $= \mu_0 H + J$	$B = H + 4\pi M$	
磁矩能量 E （自由空间）		$E = -\mu_0\mu_m \cdot H$	$E = -\mu_m \cdot H$	
磁转矩 τ （自由空间）		$\tau = \mu_0\mu_m \times H$	$\tau = \mu_m \times H$	

表 5.1 所示的高斯单位制采取的是基于静磁学和磁极概念的处理方法，国际单位制采取以电流为基础的电动力学的处理方法，因此两者有不同的基本定律。

在高斯单位制中，磁化强度、磁感应强度和磁极化强度的单位都使用相同的专门名称——高斯（Gs）。为了便于区别，在表 5.1 的备注栏中这三个量的单位符号 Gs 由左上角的字母来区别。在国际单位制中，磁感应强度和磁极化强度的单位也都是特斯拉（T），因此在表 5.1 的备注栏中在单位符号 T 的左上角用字母来区别这两个物理量。值得注意的是，高斯单位制的单位 Gs 与国际单位制的单位进行换算时各自遵循不同的换算关系（列于备注栏中），其原因是 M、B、J 三个量从三个不同方面表征了磁场源的特性，所以尽管使用了相同的单位名称 Gs，但是定义不同。

此外，玻尔磁子 μ_B 是基本常数，使用时需注意 μ_B 是指磁矩 $\mu_B = \dfrac{e\hbar}{2m_e}$，还是指磁偶极矩 $\mu_B = \dfrac{\mu_0 e\hbar}{2m_e}$，两者的数值不同。

$$1\mu_B(国际单位制磁矩) = 9.27 \times 10^{-24} \text{A·m}^2$$
$$1\mu_B(国际单位制磁偶极矩) = 1.165 \times 10^{-29} \text{Wb·m}$$
$$1\mu_B(高斯单位制磁矩、磁偶极矩) = 9.27 \times 10^{-21} \text{emu}$$

2. 磁性的起源与原子磁矩

在原子中，原子磁矩源于电子和原子核的运动，由于原子核磁矩比电子的磁矩小 3 个数量级，常常被忽略，只有在特殊的场合才会考虑。

1）电子磁矩

电子磁矩包括电子绕核做轨道运动形成的电子轨道磁矩 μ_L 和电子自旋产生的电子自旋磁矩 μ_S。电子轨道磁矩与轨道角动量 p_L、电子自旋磁矩与自旋角动量 p_S 之间的关系如下：

$$\mu_L = -\frac{e}{2m_e} p_L \tag{5.1}$$

$$\mu_S = -\frac{e}{m_e} p_S \tag{5.2}$$

因此，电子磁矩为

$$\mu_m = \mu_S + \mu_L = -\left(\frac{e}{2m_e}\right)2p_S - \left(\frac{e}{2m_e}\right)p_L = -g\left(\frac{e}{2m_e}\right)p$$

式中：p 为电子的总角动量；g_J 为朗德因子，取决于自旋和轨道对总角动量贡献的相对大小，只有自旋部分时，$g_J = 2$，而只有轨道部分时，$g_J = 1$。

电子的状态可由主量子数 n、角量子数 l、轨道磁量子数 m_l 和自旋磁量子数 m_s 来确定。其中 l 和 m_l 分别决定了电子的轨道角动量 p_L 的大小和 p_L 在磁场方向上的不连续分量 $(p_L)_H$：

$$|p_L| = \sqrt{l(l+1)}\hbar \tag{5.3}$$

$$(p_L)_H = m_l\hbar \tag{5.4}$$

自旋量子数 $s(s = 1/2)$ 和自旋磁量子数 m_s 分别决定了自旋角动量 p_S 的大小和 p_S 在外磁场方向上的分量 $(p_S)_H$：

$$|\, p_S \,| = \sqrt{s(s+1)}\hbar \tag{5.5}$$

$$(p_S)_H = m_s \hbar = \pm \frac{1}{2}\hbar \tag{5.6}$$

由于电子的角动量会受到量子力学的限制,它在空间是量子化的,磁矩也是量子化的。轨道磁矩 μ_L 和自旋磁矩 μ_S 的大小及在外磁场方向的投影$(\mu_L)_H$ 和$(\mu_S)_H$ 分别为

$$|\, \mu_L \,| = \sqrt{l(l+1)}\frac{e}{2m_e}\hbar = \sqrt{l(l+1)}\mu_B, \qquad (\mu_L)_H = m_1 \mu_B \tag{5.7}$$

$$|\, \mu_S \,| = \sqrt{s(s+1)}\frac{e}{m_e}\hbar = 2\sqrt{s(s+1)}\mu_B, \qquad (\mu_S)_H = 2m_s \mu_B = \pm \mu_B \tag{5.8}$$

2）自由原子的原子磁矩

在多电子的原子中,一方面,被电子填满的壳层因总角动量为零对磁矩是没有贡献的,只有部分填满的壳层（即磁性电子壳层）对原子磁矩有贡献;另一方面,磁性电子壳层中的角动量之间会产生耦合,最后得到的总角动量所对应的磁矩称为原子磁矩。

原子中的角动量的耦合有轨道–自旋耦合（L-S）和 j-j 耦合两种方式,具体如下所示。

$$\left. \begin{array}{l} l_1, l_2, l_3, \cdots, l_i \xrightarrow{\sum l_i} L \\ s_1, s_2, s_3, \cdots, s_i \xrightarrow{\sum s_i} S \end{array} \right\} \xrightarrow{L+S} J \quad (L\text{-}S\text{耦合}) \\ \left. \begin{array}{l} l_i \\ s_i \end{array} \right\} \rightarrow j_1, j_2, j_3, \cdots, j_i \xrightarrow{\sum j_i} J \quad (j\text{-}j\text{耦合}) \tag{5.9}$$

铁磁性物质的角动量大都属于 L-S 耦合方式,通过计算基态原子或离子的总轨道量子数 L、总自旋量子数 S 和总角量子数 J,结合磁矩与角动量之间的关系,利用矢量模型得到原子的磁矩为

$$\mu_J = \left[1 + \frac{J(J+1) + S(S+1) - L(L+1)}{2J(J+1)} \right] \sqrt{J(J+1)}\mu_B \tag{5.10}$$
$$= g_J \sqrt{J(J+1)}\mu_B$$

根据洪德法则可知,式中: $S = \sum m_s$ 中最大值; $L = \sum m_1$ 中最大值。未满壳层中的电子数小于应满数的一半时,$J = L - S$;磁性壳层中的电子数大于等于应满数的一半时,$J = L + S$。

3）物质的原子磁矩

对于实际物质而言,原子中的电子除了受到与自由原子一样的库仑相互作用和自旋–轨道相互作用以外,还受到邻近原子的核库仑场和电子的作用,这种作用效果可等价为一个势场,称为晶体场。不同的晶体结构对称性会产生不同的晶体场。在不同的晶体场的作用下,电子的轨道能级具有不同的能量,导致原子的轨道角动量发生变化,使得不同晶体结构中同种原子的原子磁矩不再相同。

例如,自由原子中 5 个 d 轨道的能量是一样的（五重简并）,在外磁场的作用下,由于不同的角动量分量,磁矩在磁场中有不同的能量,原来五重简并的能级将按角动量的本征态分裂为五个不同的能级,如图 5.1(a)所示。此时如果 d 壳层中电子未填满的话,将优先选择能量低的状态,从而使体系的能量发生变化,这就是电子轨道角动量对磁矩的贡献。

但是在晶体中，原子或离子由于受到晶体场的作用，上述情况会发生变化。例如，在八面体晶体场中，五重简并的 d 轨道将分裂为三重简并的 t_{2g} 轨道和两重简并的 e_g 轨道，当晶体放入磁场中时，它们的表现和自由原子情形是完全不同的，如图 5.1(b)所示。其中，二重态中的 d_{z^2} 态的轨道角动量为零，磁场对它没有影响；$d_{x^2-y^2}$ 态的轨道角动量是 $m_l = \pm 2$ 的两个态的等量线性叠加，按照量子力学原理，电子将等概率地处于这两个的本征态，因而轨道角动量的分量 $(p_L)_H$ 的平均值为 0。所以如果电子仅占据这两个态，轨道角动量对磁矩没有贡献，称为轨道角动量完全冻结。三重态中的 d_{xy} 态和 $d_{x^2-y^2}$ 态一样，平均 $m_l = 0$，三重态中的 d_{yz} 和 d_{zx} 的轨道角动量不为零，仍对轨道磁矩有贡献。因此，如果三重态被部分电子占据且未填满，则轨道角动量对轨道磁矩仍有部分贡献，这种情况称为轨道角动量部分冻结。若晶体场的对称性进一步降低，能级进一步分裂，轨道角动量将会完全冻结。

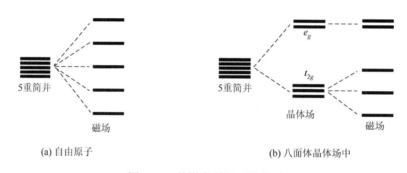

图 5.1　d 轨道在磁场下的分裂

需要注意的是，晶体场效应是指磁性离子与近邻的其他离子之间的静电相互作用，不是磁相互作用。磁性离子和晶体场相互作用的结果：一是 L-S 耦合在很大程度上被破坏，以至于不能再用 J 来表示状态；二是晶体场降低了体系的对称性，在自由离子中属于给定 L 的简并的电子能级被晶体场劈裂，使之对磁矩的贡献减小。当晶体场大于轨道-自旋耦合时发生轨道冻结。由于晶体场影响的是电子波函数的空间分布，对自旋没有直接影响，晶体场不会使自旋角动量冻结。

铁族元素离子中的 d 层电子裸露在外，受晶体场的影响较大，此外还因为 L-S 耦合强度与电子运动的轨道半径有关，d 电子的轨道半径比 f 电子小，L-S 耦合强度较弱，所以铁族元素的轨道-自旋耦合被破坏，总自旋部分和总轨道部分受到不同影响。稀土元素离子的磁矩主要由 f 电子所提供，f 电子被外面封闭的 s、p 层电子所屏蔽，基本上不受近邻离子的晶体场作用，其磁矩基本与自由原子（离子）的磁矩相类似。因此，轨道冻结主要表现为，在含有未满 d 电子壳层的过渡族金属元素离子中，其离子磁矩主要由自旋磁矩贡献。

对于 $3d$ 过渡族金属及其合金，其磁矩与自旋磁矩和自由原子磁矩都相差较大，可用经验公式 $\mu_J = (10.6 - n)\mu_B$ 来表示，其中 $3d + 4s$ 是 $3d$ 和 $4s$ 轨道电子数之和。这是因为最外层 $4s$ 电子是自由电子，$4s$ 能级变成了很宽的能带；同样地，$3d$ 电子也不完全局限于某个原子周围，它的能级也变成了能带，并和 $4s$ 能带重叠，因此具有相同能量的电子可以进入 $3d$ 轨道，也可以进入 $4s$ 轨道。

3. 磁性的分类

法拉第（Faraday）将固体按照磁性分为抗磁体、顺磁体和铁磁体。第二次世界大战后，法国人奈尔（Néel）清晰地区分了铁磁性、反铁磁性和亚铁磁性，完成了对物质磁性分类的认识。因此，根据介质对外磁场的响应特点与固有磁矩的空间分布形式可将磁介质分为抗磁体（$\chi < 0$）、顺磁体、铁磁体、反铁磁体和亚铁磁体五种类型。顺磁体、铁磁体、反铁磁体和亚铁磁体的固有磁矩的空间分布形式如图 5.2 所示。

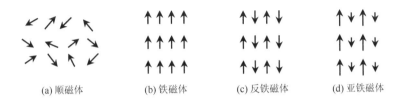

| (a) 顺磁体 | (b) 铁磁体 | (c) 反铁磁体 | (d) 亚铁磁体 |

图 5.2　不同磁性物质的原子磁矩排列示意图

1）抗磁性

在外加磁场 **H** 的作用下，材料感生出与外磁场相反的磁化强度 **M**，磁化率 χ 为负值（约为 -10^{-6}）且和温度、磁场无关，这种材料具有的磁性称为抗磁性。

在外磁场的作用下，电子的轨道角动量绕磁场方向旋转（拉莫进动）感生出与外磁场方向相反的磁矩，此为朗之万（Langevin）抗磁性。抗磁磁化率如式（5.11）所示，随原子中电子数的增加而增大。因此，抗磁性在所有的固体中都是存在的，但因感生磁矩的数值很小，容易被其他磁性所掩盖。

$$\chi = -\frac{N\mu_0 e^2}{6m_e}\sum_{i=1}^{z}\overline{r_i^2} \tag{5.11}$$

式中：N 为单位体积中原子的个数，每个原子有 z 个电子，第 i 个电子的轨道半径的均方值为 $\overline{r_i^2}$。

当原子或离子为满壳层结构时，表现出抗磁性。例如，非金属中除氧和石墨外，都是抗磁性的。Si、S、P 及许多有机化合物，由于共价电子对的磁矩相互抵消，为抗磁体。接近非金属的一些金属元素如 Sn、Bi、Ga 等，也表现出抗磁性。部分金属如 Zn、Cd、Hg、Cu、Ag 等也是抗磁体。

 拓展

前面关于抗磁性的讨论适用于分立的满壳层原子或离子。在外磁场 H 的作用下，金属中的传导电子（自由电子）因受洛伦兹力的作用会在垂直于磁场的平面内做圆周运动（图 5.3），从而感生出与磁场方向相反的磁矩，这就是朗道抗磁性。根据量子力学理论可得朗道抗磁磁化率为

$$\chi = -\frac{n\mu_0\mu_B^2}{2E_F} \tag{5.12}$$

式中：n 为自由电子密度；E_F 为金属的费米能级。

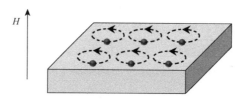

图 5.3   自由电子朗道抗磁性示意图

2）顺磁性

顺磁性物质是一类弱磁性物质，它们在外加磁场 H 的作用下被磁化，其磁化强度 M 与外磁场方向相同，磁化率 χ 为正值但很小（为 $10^{-6} \sim 10^{-5}$）。根据原子磁矩的相互作用和排列方式，顺磁性可分为两类：①普通顺磁性，原子或离子具有一定的磁矩，但磁矩间无明显的相互作用，因此磁矩分布无序；②低温下，原子磁矩有较强的相互作用，表现出铁磁性、亚铁磁性或反铁磁性，但在临界温度以上转变为顺磁性。

对于顺磁性物质，原子具有固有磁矩且相互之间的作用可忽略不计，因此无外加磁场时，原子磁矩随机取向，总的磁化强度 $M = 0$；在外磁场的作用下，每个磁矩沿外加磁场的取向度及磁化强度 M 随外加磁场强度的增加而增强。更高的温度会破坏原子磁矩沿外加磁场的取向，因此磁化强度随温度的升高而减小。1905 年朗之万根据经典的麦克斯韦-玻尔兹曼（Maxwell-Boltzmann）统计，得到

$$\begin{cases} M = N\mu_J L(\alpha) \\ \alpha = \dfrac{\mu_0\mu_J H}{k_B T} \end{cases} \tag{5.13}$$

式中：$L(\alpha)$ 为朗之万系数。由此朗之万最早提出普通顺磁性物质的磁化率随温度的变化规律满足居里定律，即

$$\chi = \frac{C}{T} \tag{5.14}$$

式中：C 为居里常数，$C = \dfrac{N\mu_0\mu_J^2}{3k_B}$，与材料本身的特性相关。

考虑到具有固定磁矩的原子在外磁场中的能量分裂为 $2J+1$ 个能级，1927 年布里渊（Brillouin）基于量子化的塞曼能量和量子统计对朗之万理论做了修正，类似得到

$$\begin{cases} M = Ng_J J\mu_B B_J(\alpha') \\ \alpha' = \dfrac{\mu_0 g_J J\mu_B H}{k_B T} \end{cases} \tag{5.15}$$

式中：$B_J(\alpha')$ 为布里渊函数。在高温弱场下，$\alpha' \ll 1$，顺磁磁化率为

$$\chi = \frac{N\mu_0 g_J^2 J(J+1)\mu_B^2}{3k_B T} = \frac{C}{T} \tag{5.16}$$

如图 5.4 所示，顺磁性物质的磁化强度与磁场的关系曲线为一直线，磁化率与温度成反比。例如，稀土元素和铁族元素的顺磁性盐类中，稀土离子和铁族离子都具有固有磁矩，但磁矩间没有相互作用，因此表现出顺磁特性。

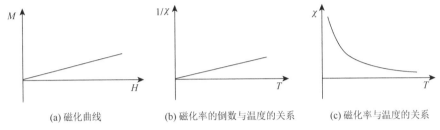

(a) 磁化曲线　　　　　(b) 磁化率的倒数与温度的关系　　　(c) 磁化率与温度的关系

图 5.4　顺磁性物质的磁化曲线及磁化率随温度的变化

对于一些在低温下原子磁矩间存在较强的相互作用，表现出铁磁性、反铁磁性或亚铁磁性的物质，当温度超过其临界温度（如居里温度或奈尔温度）时，显著的热运动使得原子磁矩不再有序排列，进而材料的磁性转变为顺磁性。此时，磁化率与温度之间的关系服从居里-外斯（Curie-Weiss）定律

$$\chi = \frac{C}{T - T_p}$$

式中：T_p 为居里外斯温度。

许多顺磁体的磁化率与温度成反比，此外还有一些顺磁体的磁化率与温度无关，如碱金属 Li、Na、K 等，这类物质的顺磁性源于传导电子，可以用泡利提出的导带电子模型来处理这类顺磁性。

 拓展

金属中的传导电子可近似为自由电子，它们在磁场中表现出微弱的顺磁性，这种自由电子的顺磁性称为泡利顺磁性。

以碱金属为例，碱金属的电子结构为 ns^1，即除价电子外所有壳层都是充满的，仅价电子（自由电子）对磁性有贡献。在没有外磁场作用时，如图 5.5 所示，自旋向上和向下的自由电子数相等，总磁矩为零。当施加图 5.5 所示的外磁场时，自旋向上的自由电子的能量降低 ΔE_+，自旋向下的自由电子的能量增加 ΔE_-，且有

$$\Delta E_+ = \Delta E_- = 2 \times \frac{1}{2} \mu_B \mu_0 H = \mu_B \mu_0 H \tag{5.17}$$

式中：2 为电子的朗德因子，1/2 为电子自旋量子数的值。两种自旋的电子的能量发生了变化，破坏了原来两种自旋能量的对等状态，使得一部分自旋向下的电子会迁移到自旋向上的能带中，以达到新的平衡状态。由于 $\mu_B \mu_0 H$ 很小，只有费米面附近的电子会发生子带之间的转移，平衡时，单位体积内的电子迁移数为

$$\delta N = \frac{1}{2} g(E_F) \Delta E_+ = \frac{1}{2} g(E_F) \mu_B \mu_0 H \tag{5.18}$$

式中：$g(E_F)$ 为费米面附近自由电子的态密度。当一个电子从自旋向下的能带迁移到自旋

向上的能带时，磁矩变化为$2\mu_B$。因此，在外磁场的作用下，磁化强度为

$$M = 2\mu_B \delta N = g(E_F)\mu_B^2\mu_0 H \tag{5.19}$$

由此可得磁化率为

$$\chi_P = g(E_F)\mu_0\mu_B^2 = \frac{3n\mu_0\mu_B^2}{2E_F} \tag{5.20}$$

其值是朗道抗磁磁化率的 3 倍，因此 Li、K 等碱金属表现出顺磁性。由于温度对费米-狄拉克分布函数和费米能级 E_F 的影响较小，这些传导电子的顺磁性与温度无关。

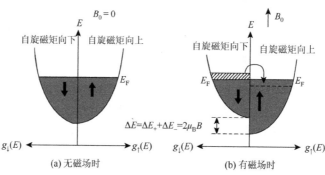

图 5.5　自由电子泡利顺磁性示意图

　　总之，金属可以视为由位于阵点上的金属离子和自由电子所组成，故金属的磁性要考虑到点阵结点上正离子的抗磁性和顺磁性，自由电子的抗磁性与顺磁性。其中，正离子的抗磁性源于其电子的轨道运动；正离子的顺磁性源于固有磁矩；自由电子的顺磁性源于电子的自旋磁矩；自由电子的抗磁性源于其在外磁场中受洛伦兹力而做的圆周运动。这四种磁性可能单独存在，也可能共同存在，要综合考虑哪个因素的影响最大，从而确定金属磁性的性质。例如，Cu、Ag、Au、Zn、Cd、Hg 等金属，由于它们的离子所产生的抗磁性大于自由电子的顺磁性，它们属于抗磁体。碱金属和除 Be 以外的碱土金属元素虽然在离子状态时有与惰性气体相似的电子结构，似乎应该是抗磁体，但是由于自由电子产生的顺磁性占据了主导地位，故仍表现为顺磁性。稀土金属的顺磁性较强，磁化率较大且遵从居里-外斯定律。这是由它们的 $4f$ 或者 $5d$ 电子壳层未填满，存在未抵消的自旋磁矩所造成的。过渡族金属在高温时基本都属于顺磁体，这主要是由于 d 和 f 态电子未抵消的自旋磁矩形成了晶体离子的固有磁矩，从而产生了强烈的顺磁性。但过渡族金属中有些如 Fe、Co、Ni 存在铁磁转变，有些如 Cr 存在反铁磁转变。

　　3）铁磁性

　　铁磁性虽然只在很少的几个元素中出现，但它是最重要的固体磁性质。有些物质在很小的外磁场作用下产生很强的磁化强度，磁化率可高达 $10^1 \sim 10^6$，且在外磁场除去后仍保持相当大的永久磁性，这种磁性称为铁磁性。铁磁性材料具有磁化率高、存在磁滞回线和磁性转变温度——居里温度、在磁化过程中表现出磁晶各向异性和磁致伸缩现象的特点，这与铁磁体内形成了固有磁矩自发定向排列的小区域，即磁畴这种组织特征密不可分。

　　4）反铁磁性

　　1932 年奈尔首先预测了反铁磁性的存在。反铁磁体对外磁场的响应与顺磁体类似，

其磁化率是一个小的正值,且外场不存在时不能维持任何磁化。与顺磁体不同的是,反铁磁体存在临界温度(奈尔温度 T_N),T_N 以上磁化率随温度的变化满足居里–外斯定律,T_N 以下磁化率随温度的升高而增大。通过反铁磁性物质的中子衍射发现,反铁磁体中磁矩在 T_N 以下是有序排列的,在 T_N 以上是无序排列的。

反铁磁性物质主要有金属 Cr,过渡金属氧化物 MnO、NiO 等。

5)亚铁磁性

在亚铁磁体中,A、B 次晶格被不同的磁性原子所占据,A、B 位的离子磁矩平行反向排列,但 A、B 位的磁性离子数目及磁矩大小不同,因此两个相反方向的磁矩不能完全抵消,导致有自发磁化,这种磁性称为亚铁磁性。亚铁磁性物质在宏观性能上与铁磁性物质类似,在居里温度以下具有自发磁化,同时也形成磁畴结构,其磁化曲线也是非线性的;但在磁结构上却与反铁磁性类似,亚铁磁性是未抵消的反铁磁性结构的铁磁性。

5.2.2　自发磁化

在铁磁体、反铁磁体和亚铁磁体中,磁矩自发排列成同一方向,呈现出磁有序的状态。其中铁磁体和亚铁磁体在外磁场作用下发生磁化后,当外磁场撤除后其磁化强度不为 0,即具有一定的自发磁化。自发磁化强度与温度有关,当温度低于居里温度时,自发磁化强度随温度的降低而增大;当温度达到或超过居里温度时,自发磁化消失。

1. 分子场与交换作用

1)外斯分子场理论

1907 年法国物理学家外斯提出了"分子场"理论来解释铁磁体的自发磁化,但该理论并没有说明分子场的本质,是一种唯象理论。尽管如此,该理论却是迄今为止最成功的一个铁磁体自发磁化的理论,可以很好地解释铁磁性的许多实验规律。外斯分子场理论是建立在这两个假设基础上的:①分子场引起自发磁化且分子场的强度正比于磁化强度;②磁畴假设——自发磁化分成许多区域,即磁畴,磁畴间没有固定取向。

假设分子场系数为 ϖ,铁磁体的自发磁化强度为 M_s,则外磁场下原子磁矩受到的实际磁场 H_r 为 $H_r = H + \varpi M_s$。借助朗之万顺磁理论,用实际磁场 H_r 代替式(5.15)中的外加磁场 H,令 $M_0 = Ng_J J\mu_B$,可得

$$\frac{M}{M_0} = B_J(\alpha') \tag{5.21}$$

$$\frac{M}{M_0} = \frac{Nk_B T}{\mu_0 \varpi M_0^2}\alpha' - \frac{H}{\varpi M_0} \tag{5.22}$$

通过图解法求解式(5.21)和式(5.22)即可求出一定磁场和温度下的磁化强度 M。如果令外加磁场 $H = 0$,可求出一定温度下的自发磁化强度并计算出铁磁体的磁性转变温度——居里温度 T_C:

$$T_C = \varpi \frac{N\mu_0 g_J^2 J(J+1)\mu_B^2}{3k_B} \tag{5.23}$$

可见，分子场系数越大，分子场越强，热运动破坏磁矩有序排列就越难，材料的居里温度就越高。

在高温$(T>T_C)$下，还可以推导出铁磁体转变为顺磁性时的磁化率服从如下的居里-外斯定律：

$$\chi = \frac{C}{T-T_p} \tag{5.24}$$

式中：$T_p = \varpi C$，为顺磁居里温度；$C = \dfrac{N\mu_0 g_J^2 J(J+1)\mu_B^2}{3k_B}$。

2）海森堡相互交换作用

外斯的分子场理论很好地解释了铁磁体内自发磁化存在的原因及自发磁化与温度的依赖关系，并提供了计算自发磁化强度的方法，但是并没有说明分子场的来源。1928年海森堡（Heisenberg）和弗仑克尔都提出了分子场来源于相邻原子间电子自旋的交换作用的理论。海森堡模型以两个电子和两个离子共同构成的分子体系为研究对象，其哈密顿量中包含了电子之间的排斥势、离子间的排斥势及电子-离子的吸引势，得到了电子之间存在一种属于量子效应的静电交换作用的结论，其能量为$E_{ex}=-2AS_i\cdot S_j$，其中A为交换积分，它的大小与电子云的重叠有关，S_i和S_j为电子的自旋角动量。这种静电交换作用导致了不同原子波函数的线性组合，即原子轨道在空间的重叠，最终影响自旋磁矩的相对取向。当$A>0$时，两个电子的自旋平行排列；当$A<0$时，两个电子的自旋反平行排列。

将这一模型推广到多电子体系中，得到总的电子交换作用能为$E_{ex}=-2\sum_{i<j}^{近邻}\sum A_{ij}S_i\cdot S_j$。

对于具有固有原子磁矩的物质，当交换积分$A>0$时，材料呈现铁磁性；当$A<0$时，材料呈现反铁磁性。交换作用越强，自旋平行取向的能力越大，对应材料的居里温度越高。

在海森堡模型中，交换积分来自相邻原子的电子的直接交换，故称这种电子间的静电交换作用为直接交换作用。它是造成自发磁化的起源，也是产生外斯分子场的物理本质。

3）间接交换作用

稀土金属和合金的磁性壳层中的$4f$电子处于原子内层，相邻原子的$4f$电子云几乎不存在交叠。鲁德曼（Ruderman）、基特尔（Kittel）、胜谷（Kasuya）和良田（Yosida）提出在这种情况下，原子间以传导电子（s电子）为媒介产生交换作用，这种交换作用称为RKKY间接交换作用。考虑到$4f$电子的轨道角动量没有冻结，且自旋与轨道角动量间有很强的耦合，间接交换作用能则与交换积分A和原子的总角动量J相关，即$E_{ex}\propto -A_{ij}J_i\cdot J_j$。由于RKKY间接交换作用很弱，稀土金属的居里温度较低。

在一些过渡金属氧化物中也存在磁有序。这些氧化物中具有固有磁矩的是金属阳离子，但阳离子之间相隔较远，直接交换作用很小，因此无法用直接交换作用来解释这些材料中出现的磁有序现象。1934年克雷默（Kraemer）首先提出一种超交换作用，他认为在反铁磁性或亚铁磁性氧化物中，磁性离子间的交换作用是以隔在中间的非磁性阴离子（如O^{2-}、S^{2-}等）为媒介来实现的，故称为超交换或间接交换作用。后来安德森（Anderson）对这种超交换作用进行了完善。以反铁磁性氧化物为例，当O^{2-}上的一个p电子转移到近邻的金属磁性离子上去后，O^{2-} 转变为具有磁矩的激发态 O^-，激发态氧离子上的 p 电子和磁性金属离子上的 d 电子发生与海森堡相互交换作用类似的交换作用，从而决定了不同磁性子晶格中磁性金属离子的自旋取向，导致了磁有序现象的出现。

2. 铁磁体、反铁磁体和亚铁磁体的自发磁化

直接交换作用和间接交换作用很好地解释了分子场的来源。对于铁磁体，作用在每个磁性原子上的分子场是一样的；对于反铁磁体和亚铁磁体，交换作用使得磁性粒子反向平行排列，因此作用在不同次晶格上的分子场是不同的，故称为定域分子场。与反铁磁体不同的是亚铁磁体不同次晶格上的磁性离子数目也不相同。因此，亚铁磁体的磁矩与其结构密切相关。利用外斯分子场或定域分子场理论，结合朗之万顺磁理论和布里渊函数，采取和铁磁体相类似的处理方法，就可以分析出铁磁体、反铁磁体和亚铁磁体的磁学特性，如表 5.2 所示。

表 5.2　铁磁体、反铁磁体和亚铁磁体的自发磁化

物理量	铁磁体	反铁磁体	亚铁磁体
自发磁化强度 M_s	$M_s = N\mu_J \neq 0$	$M_s = M_A - M_B = 0$	$M_s = \lvert M_A - M_B \rvert$ $= \lvert N_A\mu_{(A)} - N_B\mu_{(B)} \rvert \neq 0$
单位体积内的磁性粒子数	N	$N_A = N_B = \dfrac{1}{2}N$	$N_A \neq N_B$, 设 $N_A = \lambda N,\ N_B = \mu N$
分子场	$H_m = \varpi M$	$H_{mA} = \varpi_{AA}M_A + \varpi_{AB}M_B$ $H_{mB} = \varpi_{BA}M_A + \varpi_{BB}M_B$	$H_{mA} = \varpi_{AA}M_A - \varpi_{AB}M_B$ $H_{mB} = -\varpi_{BA}M_A + \varpi_{BB}M_B$
分子场系数	ϖ	$\varpi_{AA} = \varpi_{BB}$、$\varpi_{AB} = \varpi_{BA}$	$\varpi_{AB} = \varpi_{BA}$（不计方向）, $\varpi_{AA} \neq \varpi_{BB}$, 设 $\varpi_{AA}/\varpi_{AB} = \alpha,\ \varpi_{BB}/\varpi_{AB} = \beta$
次晶格的磁化强度	—	$M_A = \dfrac{1}{2}Ng_J J\mu_B B_J(\alpha'_A)$ $M_B = \dfrac{1}{2}Ng_J J\mu_B B_J(\alpha'_B)$	$M_A = N_A g_J J\mu_B B_J(\alpha'_A)$ $M_B = N_B g_J J\mu_B B_J(\alpha'_B)$
磁性转变温度	$T_C = \varpi\dfrac{N\mu_0 g_J^2 J(J+1)\mu_B^2}{3k_B}$	$T_N = \dfrac{C}{2}(\varpi_{AA} - \varpi_{AB})$	$T_C = \dfrac{1}{2}C\varpi_{AB}[(\lambda\alpha + \mu\beta) - \sqrt{(\lambda\alpha - \mu\beta)^2 + 4\lambda\mu}]$
居里常数 C	$C = \dfrac{N\mu_0 g_J^2 J(J+1)\mu_B^2}{3k_B}$	$C = \dfrac{N\mu_0 g_J^2 J(J+1)\mu_B^2}{3k_B}$	$C = \dfrac{N\mu_0 g_J^2 J(J+1)\mu_B^2}{3k_B}$
居里-外斯定律	$M = \dfrac{C}{T - T_p}H$	$M = \dfrac{C}{T - T_p}H$	$M = \dfrac{C}{T - T_p}H$
居里-外斯温度	$T_p = \varpi\dfrac{N\mu_0 g_J^2 J(J+1)\mu_B^2}{3k_B}$	$T_p = \dfrac{C}{2}(\varpi_{AB} + \varpi_{AA})$	$T_p = C\varpi_{AB}(2\lambda\mu - \lambda^2\alpha - \mu^2\beta)$

　　典型的亚铁磁体是一些含有氧化铁和其他铁族或稀土族的氧化物，称为铁氧体。铁氧体主要有尖晶石型、石榴石型、磁铅石型等类型。以 XY_2O_4 尖晶石型铁氧体为例，其中金属离子分别占据氧四面体中心（A 位）和氧八面体中心（B 位），占据不同位置的金属离子之间存在 A-A、B-B 和 A-B 三种交换作用。由于金属离子之间通过氧离子所组成的键角不同，超交换作用的强度为(A-B)＞(B-B)＞(A-A)。因此，对于尖晶石型的铁氧体，A 位和 B 位离子的磁矩反向平行排列，由于 A 位和 B 位的离子磁矩大小不同，分子总的磁矩为 A 位和 B 位离子磁矩之差。因此，对于尖晶石型结构的铁氧体，欲得知其自发磁化强度，可首先分别计算出金属离子的离子磁矩；其次结合金属离子半径、电负性和八面体优先择位能确定金属离子的占位；再次结合离子磁矩和离子占位，计算出分子磁矩；最后根据结构计算出单位体积内的分子数，其与分子磁矩的乘积即材料在 0K 时的自发磁化强度。因此，可以很方便地通过调节材料的组成来改变铁氧体的磁化强度。

　　石榴石型和磁铅石型铁氧体也是类似的情况，不同的金属离子占据不同的晶格位置，金属离子之间的超交换作用取决于其结构，超交换作用使得不同位置上离子磁矩的取向不同，分子总的磁矩不为零。

5.2.3　磁畴与磁化

1. 磁晶各向异性与磁致伸缩

　　磁性随晶轴方向显示各向异性的现象称为磁晶各向异性。例如，Fe 的易磁化方向为＜100＞，难磁化方向为＜111＞。单位体积的晶体沿某一方向磁化比沿最易磁化方向磁化所额外消耗的能量称为磁晶各向异性能。磁晶各向异性是由晶体场及电子自旋运动和轨道运动存在耦合作用所导致的。

　　磁性材料在外磁场中被磁化时，其长度及体积大小也会发生变化，这种现象称为磁致伸缩。磁致伸缩也是由原子或离子的自旋与轨道的耦合作用产生的。反过来，对铁磁体施加某一方向的应力时，不仅这个方向的原子间距发生改变，其他方向的原子间距也发生变化，相应地也改变了原子间的相互交换作用，从而将改变晶体的磁化特性，这就是压磁效应，它是磁致伸缩的逆效应。

2. 磁畴

　　磁畴是晶体中的自发磁化方向相同的小区域，其体积约为 $10^{-9}\ cm^3$。根据海森堡理论，铁磁体中当相邻原子的磁矩同向排列时其交换能最低。但是如果晶体中只形成一个磁畴，则会在晶体内产生退磁场，导致体系能量升高。为了降低退磁场能，单一的磁畴会分为多个磁畴。然而随着磁畴的增多，相应的磁畴壁（磁畴和磁畴之间的过渡层）增加，磁畴壁能也随之增加，这中间必须取一个系统能量最低的状态。因此，铁磁体与亚铁磁体中形成磁畴，是由系统的总自由能最低所决定的。

　　在磁畴壁中，原子磁矩的方向是逐渐改变的。根据畴壁中磁矩的过渡方式，可将畴壁分为布洛赫（Bloch）壁和奈尔壁两种。其中，在布洛赫壁中，磁矩都是平行于磁畴壁方向的；在奈尔壁内磁矩是平行于膜表面逐渐过渡的。根据磁畴壁两侧磁畴自发磁化方向间的关系，畴壁分为 180° 畴壁（畴壁两侧自发磁化方向成 180°）和 90° 畴壁（畴壁两侧自发磁化方向间的夹角是 90°、71° 或 109° 等）。

3. 静态磁化

在磁化的过程中，施加的磁场为恒定的或准静态的，即材料的磁化状态不随时间变化而变化或不考虑磁化状态趋于稳定过程的时间问题，这种磁化过程称为静态磁化。

在外加磁场的作用下，材料的磁化状态发生改变，实质上是其内部的磁畴结构发生了变化。磁化机制有三种：①磁畴壁的位移磁化过程；②磁畴转动磁化过程；③顺磁磁化过程。其中，顺磁磁化过程是外加强磁场在一定程度上克服原子磁矩的热扰动导致的自发磁化强度的增加，因此只有在外加磁场强度很强时才会显现出来，对磁化的贡献很小，也称为内禀磁化。磁畴壁的移动与磁畴的转动均包括可逆和不可逆过程。例如，晶体缺陷、杂质及第二相等会阻碍磁畴壁的运动，只有当外加磁场增加到足够强时才能使磁畴壁摆脱缺陷的束缚继续运动，这个过程是不可逆的，这种不可逆的运动方式决定了去磁时必会有剩磁存在。因此，当未磁化的铁磁体在外磁场 H 中被磁化时，其起始磁化曲线可分为可逆壁移、不可逆壁移、磁畴转动及内禀磁化四部分，M-H 特性曲线是非线性的。从起始磁化曲线上，可以得到磁体的一些特性参数，如起始磁导率 μ_i、最大磁导率 μ_{max}、饱和磁化强度 M_S 等。

由于磁化过程中存在不可逆磁化过程，当磁体在 H_s 下磁化到饱和后，逐渐减小外磁场，磁化强度 M 不再沿着起始磁化曲线返回。当外磁场减小到零时，材料仍保留一定的磁化强度，称为剩余磁化强度 M_r。此时，需要施加一定的反向磁场 H_c，才能使已经磁化的磁体回到磁中性状态，这个反向磁场称为矫顽场。当进一步增大反向磁场时，磁化过程与施加正向磁场相类似。外磁场在$-x$ 到 $+x$ 之间循环变化对应的整个 M-H 特性曲线是一个封闭曲线，称为磁滞回线，如图 5.6 实线所示。表征 M-H 特性的磁滞回线所包围的面

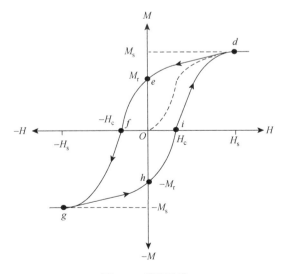

图 5.6　磁滞回线

积表示外磁场一个变化周期单位体积所消耗的能量。根据磁滞回线的特点，可将磁性材料分为硬磁材料和软磁材料。软磁材料易被磁化和退磁，适用于需要不断循环磁化与去磁的场合；硬磁材料不易磁化和退磁，可作为永磁体使用。

4. 动态磁化

磁化过程中磁场是交变的，这样的磁化称为动态磁化。在动态磁化过程中，需要考虑从一个磁化状态到另一个磁化状态所需要的时间，因此材料在交变磁场下表现出来的特性与静态磁化过程有所不同。主要表现在以下几个方面。

（1）磁化强度的变化落后于磁场变化，磁导率不再是实数，而是复数。复数磁导率的实部与材料在交变磁场中的储能密度有关，而虚部则与单位时间内损耗的能量相关。

（2）磁导率、磁化率不但随磁场幅值变化，而且随交变场频率变化，出现频散现象。

（3）磁损耗增加，除了磁滞损耗以外，还包括涡流损耗和剩余损耗。其中，涡流损耗是交变的磁场在材料内部形成的涡流所导致的，它与磁感应强度变化率的平方成正比，与电阻率成反比，还与材料的几何形状相关。剩余损耗主要是由磁化的弛豫过程引起的磁后效及共振损耗导致的。

（4）出现磁导率的减落效应。

铁磁体与铁氧体中由于内部存在各向异性磁场，当外加交流磁场的频率与拉莫进动频率 f_0 一致时会产生自然共振，此时材料的 μ' 剧烈变化，损耗 μ'' 达到最大。因此，软磁材料在交变磁场下使用时存在使用频率上限（即截止频率 f_r），可由斯诺克公式 $\mu_i f_0 = \dfrac{|\gamma| M_s}{3\pi}$（$\gamma$ 为族磁化）得出。在一些六角晶系的铁氧体中，由于易磁化面的各向异性磁场 H_{K1} 比非易磁化面的各向异性磁场 H_{K2} 小两个数量级，故它的使用频率超过了 Snoek 极限，达到 $\mu_i f_0 \approx \dfrac{|\gamma| M_s}{3\pi} \left(\dfrac{H_{K2}}{H_{K1}} \right)^{1/2}$（$M_s$ 为自发磁化强度）。这主要与这类材料的易磁化面是 c 面且在 c 面内的各向异性常数非常小相关。

5.2.4　微波磁性与微波铁氧体

1. 旋磁性与铁磁共振

当铁磁体或亚铁磁体在相互垂直的恒定磁场及微波交变磁场共同作用下被磁化时，与交变磁场对应的磁化率为一张量。把磁化率为张量的这一性质称为旋磁性。强磁性材料在相互垂直的恒定磁场和微波交变磁场的共同作用下，某方向上的交变磁感应不仅与同方向的微波磁场有关，还与垂直方向上的微波磁场有关。旋磁性是强磁性材料的共性，其物理根源在于磁化强度 M_s 绕恒定磁场的进动。当微波磁场的频率 ω 与电子进动频率 ω_0 相等时，就会出现铁磁共振。

假设磁化强度 M 的进动会遇到阻尼（阻尼因子为 α），在恒稳磁场和交变磁场共同作用下的材料的磁化率为

$$\begin{cases} \boldsymbol{\chi} = \begin{bmatrix} \chi_{xx} & \chi_{xy} & 0 \\ \chi_{yx} & \chi_{yy} & 0 \\ 0 & 0 & 0 \end{bmatrix} \\ \chi_{xx} = \chi_{yy} = \dfrac{\omega_m(\omega_0 + j\omega\alpha)}{(\omega_0 + j\omega\alpha)^2 - \omega^2} \\ \chi_{xy} = -\chi_{yx} = \dfrac{j\omega_m\omega}{(\omega_0 + j\omega\alpha)^2 - \omega^2} \end{cases} \tag{5.25}$$

在圆极化波下，铁磁体的磁化率 χ 为 $\chi_{\pm} = \dfrac{\omega_m}{\omega_0 + j\alpha\omega \mp \omega}$，此时磁化率 χ 为复数，不再是张量了。

2. 微波铁氧体的主要效应

铁氧体在恒定磁场和微波磁场的共同作用下，表现出旋磁性及铁磁共振这两个基本特性。这些特性会影响电磁波的传输，从而产生法拉第旋转效应、场移效应、差相移效应和共振效应等。

法拉第旋转效应是指在纵向磁化的铁氧体中，线偏振电磁波的偏振面（电场矢量或磁场矢量与传播轴组成的平面）具有绕传播轴旋转的现象。利用该效应可制备法拉第旋转式环形器、隔离器。

将铁氧体片平行于波导窄壁放置，当恒定磁场 H_0 沿 y 方向与波导中 TE_{10} 波的传输方向垂直时（即横向磁化），使正、反向波的场结构发生偏移的效应称为场移效应出现。利用场移效应可以制成铁氧体场移式隔离器和环形器。

在铁氧体中传播左、右旋圆极化波时，其左、右旋场的磁导率不同，因此其传播相位常数也各异。若在矩形波导内圆偏振点放置一横向磁化的铁氧体片，对于两个相反的稳恒磁场方向就会产生一个差相移，这种现象就是差相移效应。据此可制备差相移式环形器。

共振效应：将铁氧体放在负圆偏振磁场不为零处，且外加的稳恒磁场升高至共振场，这时一方面能量集中在铁氧体内，另一方面由于铁磁共振，右旋场的磁导率虚部 μ''_+ 达到极大值，形成传输能量的强烈衰减。对于反向传输的电磁波，由于磁导率虚部 μ''_- 很小，故电磁波能量几乎不衰减地传输。利用该效应可制备隔离器和滤波器。

5.2.5　磁性材料在外场下的典型物理效应

1. 磁-电效应

铁磁体的磁场电效应包括磁电阻效应和霍尔效应等。

在外磁场作用下，材料的电阻发生变化的现象称为磁电阻效应（磁阻效应），包括正常磁电阻（ordinary magneto resistance，OMR）效应和反常磁电阻效应。其中，OMR 效应主要是由在磁场中运动的电子受到洛伦兹力作用，从而增加了电子受散射的概率引起，其磁阻比 MR 为较小的正值。反常磁电阻效应是具有自发磁化强度的铁磁体所特有的现象，包括各向异性磁阻（anisotropic magneto resistance，AMR）效应、巨磁阻（giant magneto resistance，GMR）效应、隧道磁阻（tunnel magneto resistance，TMR）效应和庞磁阻（colossal magneto resistance，CMR）效应，它们与自旋-轨道相互作用或 s-d 相互作用引起的与磁化强度相关的电阻率变化及畴壁引起的电阻率变化有关。

AMR 效应是指将铁磁性金属置于磁场中，其电阻率的变化与电流和磁场之间的相对取向有关，平行磁场方向的电阻率增大，垂直磁场方向的电阻率下降。这是因为外加磁场能使电子的轨道角动量倾斜，从而使不同运动方向导电电子的散射发生改变，如图 5.7 所示。

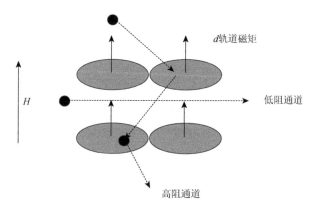

图 5.7　AMR 效应的起源

GMR 效应是指铁磁金属和非铁磁金属的多层薄膜在磁场下的电阻发生巨大变化的现象。多层膜的 GMR 效应受到磁性层、非磁性层厚度、多层膜的周期数等影响。GMR 效应的产生与传导电子（s 电子）的散射概率取决于其自旋方向和磁性原子磁矩方向的相对取向，如图 5.8 所示。产生 GMR 效应的必要条件包括：①传导电子在输运过程中自旋状态保持不变，即多层膜的厚度在纳米尺度；②多层膜的磁化状态能在外加磁场下从层间反平行排列变为平行排列；③不同自旋状态的导带电子受到磁性层的散射差别要很大。

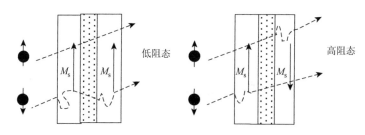

图 5.8　GMR 效应的二流体模型

TMR 效应是指铁磁体/绝缘体/铁磁体多层薄膜在磁场下的电阻发生巨大变化的现象。该效应与自旋状态不同的电子的隧穿概率不同有关，当绝缘层两边的铁磁层的自发磁化方向相同时，隧穿电子的隧穿概率高，多层膜为低阻态。

将 TMR 效应多层膜中的铁磁性金属换成铁磁性的稀土氧化物，其在有无磁场下的电阻变化高达上千，故称为 CMR 效应。该效应的产生和铁磁性金属氧化物中的电子经过氧离子在相邻的磁性离子之间转移相关。

目前 GMR 效应、TMR 效应已广泛应用于存储、传感器等领域。

2. 磁-光效应

由于铁磁体存在自发磁化，当光与铁磁体相互作用时，光的传输特性发生变化，会产生特殊的光学现象，称此为磁-光效应。磁光效应已应用在磁光记录和光传输控制技术领域，主要包括塞曼效应、法拉第效应、克尔（Kerr）效应和科顿-穆顿（Cotton-Mouton）效应。法拉第效应是指当一些透明磁性材料通过直线偏振光时，若同时施加与入射光平行的磁场，由于左、右圆偏振光在铁磁体中的折射率不同，透射光在其偏振面上旋转一定的角度射出的现象。克尔效应是指当一束线偏振光入射到被磁化的物质，或入射到外磁场作用下的物质表面时，出现反射光的偏振面发生旋转的现象，可分为极向磁光克尔效应、纵向磁光克尔效应和横向磁光克尔效应。科顿-穆顿效应是指施加与入射光垂直的磁场，入射光将分裂为沿原方向的正常光束和偏离原方向的异常光束。

3. 磁-热效应

磁-热效应是指磁体受到磁场作用后在绝热情况下发生温度上升或下降的现象，它是由磁体内的磁化过程所导致的。对于强磁性材料，当其被磁场 H 磁化时，其温度会发生变化且 ΔT 与磁化强度的平方（M^2）成正比，这种效应称为磁卡效应。

5.3　重点与难点

（1）不同磁学单位制之间的关联与转换。

（2）角动量与磁矩之间的关系。

（3）原子（离子）核外电子的排布。

（4）洪德法则与 L、S、J 的确定。

（5）理解轨道角动量冻结。

（6）物质的原子磁矩与自由原子磁矩的异同。

（7）原子（离子）磁矩的计算。

（8）五种磁性的概念与特点。

（9）朗之万顺磁理论。

（10）外斯分子场理论。

（11）自发磁化产生的原因及自发磁化与温度的关系。

（12）直接交换作用与超交换作用。

（13）铁氧体的结构与磁性。

（14）不同结构强磁性材料饱和磁化强度的计算。

（15）磁畴形成的原因。

（16）磁化机制。

（17）磁畴的运动与磁滞回线。

（18）动态磁化的特点。

（19）旋磁性与张量磁导率。

5.4　基本概念与重要公式

1. 基本概念

磁化强度、磁导率、磁化率；

抗磁性、顺磁性、反铁磁性、铁磁性、亚铁磁性；

自由原子磁矩；

轨道角动量冻结；

分子场、定域分子场；

自发磁化、磁畴；

居里-外斯定律；

矫顽场、剩余磁化强度、饱和磁化强度；

静态磁化、动态磁化；

磁晶各向异性、磁致伸缩；

磁滞回线；

磁滞损耗、涡流损耗、剩余损耗；

旋磁性、铁磁共振；

硬磁材料、软磁材料；

GMR 效应、TMR 效应；

法拉第效应、克尔效应。

2. 重要公式

磁矩与角动量的关系：

$$\mu_L = -\frac{e}{2m_e} p_L, \qquad \mu_S = -\frac{e}{m_e} p_S$$

$$\mu = \mu_S + \mu_L = -g\left(\frac{e}{2m_e}\right)p$$

轨道角动量 p_L 与自旋角动量 p_S：

$$|p_L| = \sqrt{l(l+1)}\hbar, \qquad |p_S| = \sqrt{s(s+1)}\hbar$$

轨道磁矩 μ_L 与自旋磁矩 μ_S：

$$|\mu_L| = \sqrt{l(l+1)}\mu_B, \qquad |\mu_S| = 2\sqrt{s(s+1)}\mu_B$$

自由原子磁矩：

$$\mu_J = \left[1 + \frac{J(J+1)+S(S+1)-L(L+1)}{2J(J+1)}\right]\sqrt{J(J+1)}\mu_B = g_J\sqrt{J(J+1)}\mu_B$$

$3d$ 过渡族金属及其合金的原子磁矩：

$$\mu_J = (10.6 - n)\mu_B$$

顺磁体的磁化强度：

$$M = N\mu_J L(\alpha), \qquad M = Ng_J J \mu_B B_J(\alpha')$$

绝对饱和磁化强度：

$$M_s = N\mu_J$$

斯诺克公式：

$$\mu_i f_0 = \frac{|\gamma| M_s}{3\pi}$$

5.5　习　　题

1. 写出国际单位制和高斯单位制下的磁场方程，并标明各物理量的单位。

2. 材料中原子或离子的磁矩与其孤立原子或离子磁矩的关系如何？

3. 物质的抗磁性是怎样产生的？为什么说抗磁性是普遍存在的？

4. 在磁场作用下，金属离子都产生一定的抗磁性，为何只有部分金属是抗磁体？

5. 简述抗磁性、顺磁性、铁磁性、亚铁磁性和反铁磁性的概念，并分别画出其磁化曲线（M-H），说明它们的磁化率与温度的关系。

6. 对于磁性物质晶体，其磁性主要来自哪些轨道上的电子？并说明理由。

7. 简述洪德法则的内容。

8. 已知原子的总轨道角动量 $|p_L| = \sqrt{l(l+1)}\hbar$，总自旋角动量 $|p_S| = \sqrt{s(s+1)}\hbar$，请根据 L-S 耦合，证明朗德因子的表达式为 $g_J = 1 + \dfrac{J(J+1) + S(S+1) - L(L+1)}{2J(J+1)}$。

9. 已知金属中自由电子受外磁场作用时，洛伦兹力使其在垂直于磁场的平面内做圆周运动，从而感生出与磁场方向相反的磁矩，此为朗道抗磁性。朗道抗磁磁化率为 $\chi_L = -\dfrac{n\mu_0\mu_B^2}{2E_F}$，其中 n 为自由电子密度，E_F 为金属的费米能级。实验发现 Li、Na、K 等碱金属的磁化率为很小的正值，且与温度无关。试分析这一现象。

10. 什么是轨道角动量冻结？在磁性晶体中，为什么铁系过渡元素离子的电子轨道角动量会被晶体场"冻结"，而镧系稀土离子的电子轨道角动量不会被"冻结"？

11. $CuSO_4$ 是一种顺磁性物质，其磁性主要来源于 Cu^{2+}，假设单位体积内的离子数为 n，写出该物质在高温下的磁化强度随温度变化的表达式 $M(T)$。

12. 说明顺磁性朗之万理论的主要概念和结论，这个理论的缺陷是什么？

13. 已知氧分子的分子量为 32，分子磁矩为 3 个玻尔磁子，求氧气在 0℃的磁化率。

14. Al、Fe 和 Zn 的原子序数分别为 13、26 和 30，相对磁导率分别为 $\mu_{rAl} = 1.00023$，$\mu_{rFe} = 62000$，$\mu_{rZn} = 0.99999923$，它们分别属于哪一类磁性材料？与原子的结构有何关系？

15. 简述海森堡直接交换作用和超交换作用。为何铁氧体的自发磁化不能用海森堡直接交换作用来解释？

16. 什么是自发磁化？为何含有未满电子壳层的原子组成的物质中只有一部分具有铁磁性？

17. 根据外斯分子场理论，已知 N 个原子铁磁性物质体系在分子场 H_m 作用下的自发磁化磁矩表达式为 $M(T) = N g_J J \mu_0 \mu_B B_J(\alpha')$，其中 $B_J(\alpha')$ 为布里渊函数，$\alpha' = \dfrac{\mu_0 g_J J \mu_B}{kT} H_m$。试推导居里温度 T_C 的表达式。

18. 在 AB_2O_4 尖晶石型结构中，存在哪些超交换作用？为何 A-B 超交换作用最强？

19. 比较磁性材料 Fe 和铁氧体材料 Fe_3O_4 在组成、结构、畴结构、原子排列等微观结构和宏观性能上的异同并分析其微观机理。

20. Fe、Co、Ni 的原子序数分别为 26、27、28，计算自由原子 Fe、Co、Ni 的原子磁矩。

21. 已知铁磁性金属 Fe、Co、Ni 的结构和饱和磁化强度如表 5.3 所示，试计算 Fe、Co、Ni 的原子磁矩，并与题 20 的结果比对分析产生差异的原因。

表 5.3　铁磁性金属 Fe、Co、Ni 的性能

材料	晶体结构	晶格常数/nm	饱和磁化强度/（A/m）
Fe	BCC	0.29	1.7×10^6
Co	HCP	$a = 0.26$，$c = 0.41$	1.4×10^6
Ni	FCC	0.35	0.5×10^6

22. 用洪德法则计算单个离子 Pr^{3+}（磁性电子壳层：$4f^2$）、Fe^{2+}（磁性电子壳层：$3d^6$）的磁矩大小。在考虑晶体场作用的时候，这两种离子的磁矩分别是多少？

23. Fe 原子的玻尔磁子数为 2.22，铁原子量为 55.9，密度为 7.86 g/cm^3，求出在 0K 下铁的饱和磁化强度。

24. 金属 Ni 为面心立方结构，其晶格常数为 $a = 0.352$ nm，计算 Ni 在 0K 时的饱和磁化强度。

25. Ni_3Fe 为立方结构的铁磁体，Fe 在顶角位置，Ni 在面心位置，已知 Ni_3Fe 在室温时的饱和磁化强度为 1007 emu/cc，Ni 和 Fe 的磁矩分别为 $0.68\,\mu_B$、$3\,\mu_B$，试计算 Ni_3Fe 的晶格常数。

26. 岩盐型结构的 MnO 的中子衍射图谱如图 5.9 所示，中子波长为 1.057Å，图中 80K 和 293K 时（111）峰位置为 11.9° 和 23.84°，已知 MnO 的居里-外斯温度为 610 K，Mn^{2+} 的磁矩为 $5.9\mu_B$，

（1）80 K 和 273 K 时 MnO 的中子衍射图谱不同，说明什么？

（2）试计算 MnO 的晶格常数；

（3）计算其平均场系数。

27. 已知 Fe_3O_4 晶胞的晶格常数 $a = 0.839$ nm，求其饱和磁化强度 M_s。

28. 从 CFSE 出发，判断 $NiFe_2O_4$ 是正尖晶石型结构还是反尖晶石型结构？并计算每个晶胞的净磁矩。

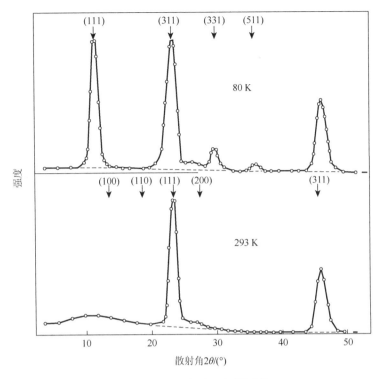

图 5.9　MnO 的中子衍射图谱

29. NiZn 铁氧体（$Ni_{1-x}Zn_xFe_2O_4$）是一种常见的软磁材料，其中 Zn 占据氧四面体间隙，

（1）在上题的基础上计算晶格常数为 8.4Å 的 $Ni_{0.9}Zn_{0.1}Fe_2O_4$ 的饱和磁化强度。

（2）它与软磁材料 Fe-Ni 合金相比，在高频抗电磁干扰器件的应用中有何优点？

30. 已知 Fe 和 Co 的原子序数分别为 26 与 27，尖晶石型结构 $CoFe_2O_4$ 的晶格常数为 8.392Å，

（1）试从八面体 CFSE 分析 $CoFe_2O_4$ 是正尖晶石型结构还是反尖晶石型结构？

（2）试计算 $CoFe_2O_4$ 在 0K 时的饱和磁化强度是多少？

31. 磁性材料的起始磁导率与哪些因素有关？

32. 图 5.10(a)为添加不同合金元素时，铁的电阻率的变化曲线，图 5.10(b)为硅钢的磁致伸缩系数 λ_{100} 和 λ_{111} 随硅含量的变化。请分析说明为何在电力工业中常采用硅钢作为变压器磁芯。

33. 简述磁致伸缩机理及磁致伸缩材料的应用。

34. 铁磁体在磁化过程中产生磁滞的根本原因是什么？

35. 磁畴是怎样产生的？磁化过程的磁化机制有哪些？技术磁化的磁化机制包括什么？

36. 对于硬磁材料，有哪些方法可以提高其矫顽场？

37. 在交变磁场中，铁磁体的磁导率为复数，请说明复磁导率的物理意义。

38. 在交变磁场中使用的磁性材料的损耗主要有哪些？如何降低这些损耗？

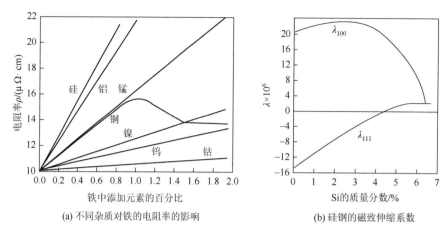

(a) 不同杂质对铁的电阻率的影响　　　　　(b) 硅钢的磁致伸缩系数

图 5.10　掺杂铁的性能

39. 什么是旋磁性？旋磁性产生的物理根源是什么？

40. OMR 效应、AMR 效应和 GMR 效应的机理有何不同？GMR 效应有哪些应用？

41. 通过查找资料，试比较磁存储技术与半导体存储技术的特点。

第6章 电子材料的光学性质

6.1 基本要求

了解光与物质相互作用的物理本质,理解不同频率的光与物质相互作用结果导致的电子极化和电子能态转变,分析光频下物质介电常数的变化情况。掌握物质折射率与介电常数之间的关系,分析离子极化率、晶体结构等对物质折射率的影响;了解介质的折射率随波长变化的色散现象,以及非均匀介质体中发生的双折射现象及物理机制,理解光率体表示晶体折射率分布的物理含义及光在晶体中的传播特性。根据晶体中光的反射及散射的一般规律,分析影响固体介质中光透过率的主要因素。了解光发射的基本原理,重点掌握电致发光和激光产生的基本原理及相关应用。理解光学晶体中电光效应和非线性光学效应的物理机制及相关应用。

6.2 主要内容

6.2.1 光与物质的相互作用

光与物质的相互作用,实质上是组成物质的微观粒子吸收或辐射光子,同时改变自身运动状态的表现。当光通过物质时,光的电场分量导致原子的极化状态发生变化,从而对物质的折射率及电磁波的传播速度产生影响。光与物质的相互作用结果有两种情况:电子极化和电子能态转变。以非极性介质中电子位移极化的简单经典模型为例分析得到如下结果。

复介电常数为

$$\varepsilon_r^* = 1 + \frac{Ne^2}{\varepsilon_0 m} \frac{1}{\omega_0^2 - \omega^2 + i\omega\gamma} \tag{6.1}$$

复介电常数的实部和虚部分别为

$$\varepsilon_r' = 1 + \frac{Ne^2}{\varepsilon_0 m} \frac{\omega_0^2 - \omega^2}{(\omega_0^2 - \omega^2)^2 + \omega^2\gamma^2} \tag{6.2}$$

$$\varepsilon_r'' = \frac{Ne^2\gamma\omega}{\varepsilon_0 m(\omega_0^2 - \omega^2)^2 + \omega^2\gamma^2}$$

式中:m 为电子质量;ω_0 为弹性偶极子的固有频率;γ 为阻尼系数;N 为单位体积原子个数。E 是外部光波的电场分量,且 $E = E_0 e^{i\omega t}$。

在 $\omega \neq \omega_0$ 情况下,当振动过程达到稳定状态后,吸收的能量与辐射的能量达到平衡,维持稳幅振荡,这种过程称为光的散射。这一散射过程的特点是,电子的本征能量不会发生改变，形式上只是入射光波和散射光波之间的能量互相转换，属于光和物质的非共振相互作用过程。

在 $\omega = \omega_0$ 情况下，有辐射阻尼时，吸收的能量用作散射；没有辐射阻尼时，吸收的能量用来不断增大振幅且趋近于无穷大，能量损耗达到最大值，属于光和物质的共振相互作用过程。这一过程，不再称作散射，而称为吸收与再发射，并发生电子本征能态的转变。

6.2.2 物质的折射率与色散

1. 物质的折射率

当光从真空进入一非磁性媒介物质时，折射率越大的物质，光在其中的传播速度越慢。由折射率 n 与介电常数之间的关系及克劳修斯–莫索提方程可知：

$$\frac{n^2 - 1}{n^2 + 2} = \frac{N\alpha}{3\varepsilon_0} \qquad (6.3)$$

式中：N 为介质单位体积内极化质点数；α 为质点极化率。材料的折射率大小与构成材料的原子种类、质点分布及微观结构等因素有关。

（1）构成材料的原子半径越大，其折射率也越大。

（2）单位体积中原子的数目越多，或结构越紧密，折射率越大。

（3）在机械应力、超声波、电场等的作用下，折射率发生改变。

2. 介质的色散

根据复介电常数的实部和虚部，可以得到复折射率的实部 n' 和虚部 n'' 分别如下：

$$\begin{cases} n' \approx 1 + \dfrac{1}{2}\dfrac{Ne^2}{\varepsilon_0 m}\dfrac{{\omega_0}^2 - \omega^2}{({\omega_0}^2 - \omega^2)^2 + \omega^2\gamma^2} \\[4mm] n'' = \dfrac{Ne^2}{2\varepsilon_0 m}\dfrac{\omega\gamma}{({\omega_0}^2 - \omega^2)^2 + \omega^2\gamma^2} \end{cases} \qquad (6.4)$$

实部 n' 为通常的折射率 n，n'' 与介质对光的吸收有关，称为吸收率或消光系数。n' 和 n'' 与频率的关系曲线如图 6.1 所示，该曲线也称作色散曲线。

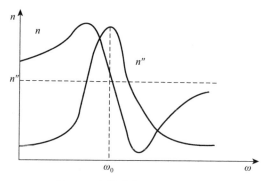

图 6.1 色散曲线和吸收率曲线

色散是介质折射率（或介电常数）随光波波长或频率而变化的现象。折射率 n 随频率增大而上升的区域，$\dfrac{\mathrm{d}n}{\mathrm{d}\omega}>0$，称其为正常色散区。当 ω 接近或等于 ω_0 时，折射率 n 转为随频率上升而迅速下降，$\dfrac{\mathrm{d}n}{\mathrm{d}\omega}<0$，称为反常色散。

材料的折射率随波长的变化率称为色散率，用符号 η 来表示。常用色散率来表示介质色散程度的大小。如果 n_1、n_2 代表与波长 λ_1、λ_2 相对应的折射率，在此波长范围内的色散率 η 定义为

$$\eta = \frac{n_1 - n_2}{\lambda_1 - \lambda_2} \tag{6.5}$$

光在介质的传播相速度与折射率有关，因此在色散介质中速度也是随波长而变化的。

3. 双折射和光率体

1）关于双折射的几个重要概念

（1）双折射的定义：光进入非均质介质时，分为振动方向相互垂直、传播速度不等的两条折射光线，这个现象称为双折射。

（2）寻常光和非寻常光：双折射现象产生两束偏光，其中有一束光的偏折方向符合折射定律，所以称为寻常光（o 光），相应的折射率称为常光折射率 n_o。另一束光的折射方向不符合折射定律，且折射光线往往不在入射平面，被称为非寻常光（e 光），相应的折射率称为非常光折射率 n_e。两条平面偏光的折射率之差称为双折射率。

（3）光轴：当光沿着非均质体某些特殊的方向传播时，将不会发生双折射现象，这种特殊方向称为光轴。中级晶族和低级晶族的晶体属于光性非均质体，中级晶族的晶体有一根光轴，称为单轴晶，低级晶族的晶体有两根光轴，称为双轴晶。

（4）主截面：包含晶体光轴并与晶体表面垂直的平面称为主截面。

（5）主平面：晶体中任一光线与光轴构成的平面，称为该光线的主平面。o 光主平面和 e 光主平面一般有一个很小的夹角，近似认为 o 光和 e 光的振动方向垂直，只有在主截面、o 光主平面和 e 光主平面"三面合一"时，两束偏振光的振动方向才完全垂直。

2）双折射产生的物理机制

介质产生双折射的原因是两束折射偏振光在介质中传播速度不同，o 光在各个方向上的传播速度相同，所以在各个方向上折射率相同；e 光在不同方向速度不同，因此各个方向的折射率不同。而折射光的光速除了与入射光的频率有关外，还与晶体中不同方向质点的固有振动频率有关，具体解释见教材 6.2.3 小节部分。

3）光率体

光率体就是表示光波在晶体中传播时，光波的电位移振动方向与相应折射率值之间关系的一种光性指示体，也称为折射率椭球，如图 6.2 所示。光率体是从具体物质中抽象得出的立体几何概念，通过光率体几何图形，人们可以直观地看出晶体中光波的振动方向，以及各传播方向相应的光速或折射率大小的空间分布。

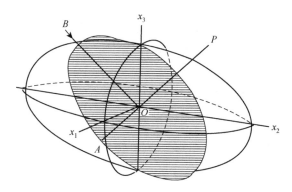

图 6.2　晶体的光率体

光率体有以下重要特征。

从主轴坐标系的原点出发作一条波前法线矢量，再过坐标原点作一平面与波前法线矢量垂直，并与光率体椭球相交得到一椭圆，可以证明：

（1）椭圆的主轴方向代表了两束偏光的振动方向。

（2）椭圆的主轴半轴长代表了两束偏光的折射率。

晶体的对称性对光率体的形状有很大的影响：

（1）均质体（高级晶族晶体），包括立方晶体，其光率体为圆球，所有中心切面均为圆，沿所有振动方向的折射率均相等，没有双折射特性。

（2）单轴晶体（中级晶族晶体），包括六方晶体、四方晶体和三方晶体，$a = b \neq c$，光率体为绕 c 轴旋转的椭球体。主轴 c 为光轴，晶体是单轴晶体。这时垂直于 c 轴的中心切面为一圆，并且也只有这一中心切面才是圆。

（3）双轴晶体（低级晶族晶体），包括正交晶体、单斜晶体和三斜晶体，光率体为三轴不等的椭球。在三轴椭球中有两个中心切面为圆，这两个圆切面的法线方向上，不存在双折射，这两个方向被称为光轴，相应的晶体称为双轴晶体。

6.2.3　介质的透光性

光在介质中传播会因为光的吸收和散射两种宏观过程，造成光量的损失，使得透过介质的光的强度小于入射光。

1. 光的吸收

1）光吸收的一般规律——朗伯特定律

光的强度随穿入介质的深度而减弱的现象称为介质对光的吸收。设强度为 I_0 的单色平行光束沿 x 方向入射厚度为 x 的均匀介质，通过此材料后的发光强度 I 满足以下关系：

$$I = I_0 e^{-\alpha x} \tag{6.6}$$

式中：α 为吸收系数，其单位为 cm^{-1}，取决于介质的性质和光的波长。该式表明发光强度随入射介质厚度的变化符合指数衰减规律。

2）光的吸收与波长的关系

折射率的虚部 n'' 在共振频率时有一个最大值，它反映了光波通过材料时能量的损失，因此称 n'' 为吸收率。材料的光吸收系数 α 和吸收率 n'' 的关系如下式：

$$\alpha = \frac{4\pi n''}{\lambda} \tag{6.7}$$

式中：λ 为光在真空中的波长。吸收系数 α 反映了介质吸收导致的电磁波衰减。

不同材料光的吸收系数与波长或频率的关系如下。

（1）金属和半导体：在可见光区，光子的能量已经足够激发电子跃迁而引起能量的吸收，吸收系数都很大。

（2）绝缘体：对应红外线、紫外线和 X 射线三个频率范围的电磁波，绝缘体介质材料有三个吸收峰。红外吸收峰是红外频率的光波引起材料中离子或分子间的共振运动而产生的；紫外吸收峰是由紫外线引起原子中的电子发生共振，使电子从价带跃迁到导带或其他能级而发生的吸收；X 射线吸收峰是由 X 射线导致的原子内层电子跃迁到导带而引起的。

对于光学元件（如光窗、棱镜、透镜等）需要材料能透过的波长范围越广越好，最好能同时透过紫外线、可见光和红外线，这样，就要求透光区短波侧的波长越短越好，而长波侧波长越长越好。因此，为了尽可能获得较宽的透光频率范围，选用的介质材料最好有高的电子能隙值和弱的原子间结合力及大的离子质量。

2. 光的散射

1）光散射的一般规律

光的散射是指光通过不均匀介质时一部分光偏离原方向传播的现象。对于相分布均匀的材料，散射的规律与吸收规律具有相同的形式，即

$$I = I_0 e^{-Sx} \tag{6.8}$$

式中：I_0 为光的原始强度；I 为光束通过厚度为 x 的介质后，由于散射，在光前进方向上的剩余强度；S 为散射系数，其单位为 cm^{-1}。

2）散射的物理机制

（1）均匀媒质：受迫振动发出的相干次波，相干叠加结果只剩下遵从几何光学规律的光线，沿其余方向振动完全抵消。

（2）不均匀媒质：不均匀尺度达到波长量级，在光波作用下成为差别较大的次波源。由于不均匀区域空间位置排列毫无规则，这些次波不会因位相关系而互相干涉、彼此抵消，与均匀媒质不同，除了按几何光学规律传播的光线外，还有其他方向的散射光。

3）散射的类型

根据光子的能量变化与否，可以将散射分为弹性散射和非弹性散射两大类。

（1）弹性散射：散射前后，光的波长不发生变化的散射，包括廷德尔（Tyndall）散射、米氏（Mie）散射、瑞利（Rayleigh）散射和分子散射，有的文献也把分子散射归为瑞利散射。

（2）非弹性散射：散射前后，光的波长发生变化的散射，包括拉曼（Raman）散射和布里渊散射。

分子热振动用晶格波来处理，将其分解为高频的光振动和较低频的声振动。在电场和晶格波的共同作用下，光入射到介质将产生两种结果：一是产生与入射光频率相同的次波辐射，发生弹性散射；二是晶格波对入射光的散射，产生非弹性散射，其中，光频波的散射为拉曼散射，声频波的散射为布里渊散射。散射光谱示意图如图 6.3 所示。

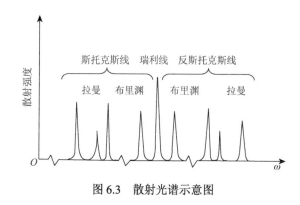

图 6.3　散射光谱示意图

在入射光电场 $E = E_0 \cos \omega_0 t$ 的作用下，如果分子具有固有偶极矩和固有振动频率 ω_j，那么极化谐振与分子谐振相互作用，使得分子的极化率 α 不再是常数，而是与固有振动频率 ω_j 有关，则在入射光作用下分子的电偶极矩为

$$\mu = \alpha_0 E_0 \cos \omega_0 t + \frac{1}{2} \alpha_{\omega_j} E_0 [\cos(\omega_0 - \omega_j)t + \cos(\omega_0 + \omega_j)t] \tag{6.9}$$

即感应电偶极矩的变化频率有 ω_0 和 $\omega_0 \pm \omega_j$ 三种，因此散射光包含三种频率的光，ω_0 是弹性散射如瑞利散射，是其中的一种特殊情况，$\omega_0 \pm \omega_j$ 是非弹性散射，即拉曼散射和布里渊散射。

4）影响弹性散射的因素

第一，廷德尔散射。

当散射中心尺度 d 远大于光波的波长 λ（$d > 10\lambda$）时，散射光强与入射光波长无关。

第二，米氏散射。

当散射中心的尺度与入射光波的波长可比拟（$d \approx \lambda$）时，散射光强与波长的依赖关系逐渐减弱，散射光强度随 d/λ 值的变化而呈现起伏变化，如图 6.4 所示。

第三，瑞利散射。

当散射中心尺度 d 度远小于光波的波长 λ 时，散射光强度与波长的四次方成反比，即瑞利定律。满足瑞利散射的除了粒径很小的散射离子，还包括由介质分子（原子）的热运动引起的密度涨落和折射率的不均匀分布形成的不均匀介质结构，因此，分子散射的散射规律与瑞利散射相似，一般也归为瑞利散射。

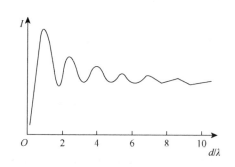

图 6.4　米氏散射的散射强度随 d/λ 的变化曲线

5）固体介质中散射中心对光的散射作用

固体介质光学材料在制备过程中形成的气泡、条纹、杂质颗粒、位错等都可以称为散射中心。固体介质中光的散射系数主要与散射中心的尺寸和波长的相对大小、散射中心和基体材料的相对折射率及散射中心的浓度等因素有关。具体分析见教材 6.3.2 小节。

3. 无机材料的透光性

1）透光性的一般规律

光通过厚度为 x 的介质材料，因反射、吸收及散射等损失光量后最终透过的发光强度为

$$\begin{cases} I' = I_0(1-m)^2 e^{-(\alpha+S)x} \\ \dfrac{I'}{I_0} = (1-m)^2 e^{-(\alpha+S)x} \end{cases} \tag{6.10}$$

式中：m、α、S 分别为反射系数、吸收系数及散射系数；$\dfrac{I'}{I_0}$ 为光的透光率。

2）无机材料透光率的影响因素

无机电介质材料的吸收系数在可见光范围内比较低，对可见光吸收损失比较小，在影响透光率的因素中不占主要地位。而材料中的夹杂物、掺杂、气孔、晶界等不均匀区域、晶粒的双折射性及表面粗糙度等因素导致的反射和散射损失，是影响透光率的主要因素。

（1）材料中的夹杂物、掺杂、晶界等对光的折射性能与主晶相不同，在不均匀界面上形成相对折射率。此值越大，反射系数和散射系数都越大。

（2）晶粒的双折射特性及排列方向的随机性使晶粒之间产生折射率的差别，引起晶界处的反射及散射损失。

（3）气孔引起的散射损失。存在于介质内部的气孔、空洞，其折射率 n_1 可视为 1，与基体材料的 n_2 相差较大，所以相对折射率 n 也较大，近似等于 n_2，由此引起的反射和散射损失远较杂质或不同取向晶粒排列等因素引起的损失大。另外，气孔对散射的影响，还与气孔的大小及气孔含量有关。

6.2.4　材料中的光发射

1. 光发射原理

1）光发射基本概念

（1）热辐射（平衡辐射）：物体辐射能由原子或分子的热运动能量转换而来，辐射源中的原子或分子在辐射过程中，不发生内部状态的改变。这种由热运动能量转变为光量的辐射过程，称作热辐射。辐射源既向外界辐射热量，又从周围环境吸收热量，当物体辐射能量和吸收热量相等时，达到平衡辐射。在热平衡情况下，物体处于高能态的概率是由温度决定的，温度越高，热辐射发光的波长越短，所以热辐射的材料颜色和亮度随温度而改变。不同材料的热辐射能力是不同的。

（2）发光（非平衡辐射）：辐射源的原子或分子从外界吸收能量后，改变原子或分子的内部运动状态，变成能量较高的激发态，这是一个非平衡态。非平衡辐射是在外界激发

下电子处于不同高能态分布，物体偏离了热平衡态，继而发出的辐射。发光就是物体不经过热阶段而将其内部以某种方式吸收的能量直接以光量的形式释放出来的非平衡辐射过程。

固体的发光过程分为激发跃迁和复合跃迁两个过程，具体如图 6.5 所示。

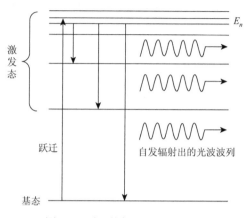

图 6.5　原子的能级与跃迁发光

2）发光类型

按照激发方式分类，固体发光可以分为光致发光、电致发光、化学致发光、阴极射线发光、放射线发光及热致发光等。

按照复合过程分类，固体发光可以分为自发辐射发光和受激辐射发光。

3）辐射跃迁类型

高能级激发态电子跃迁回到较低的能量状态，并发生电子-空穴对的复合。如跃迁过程伴随着放出光子，这种跃迁称为辐射跃迁。常见的辐射跃迁如下。

（1）本征跃迁（带与带之间的跃迁）。导带的电子跃迁到价带，与价带空穴复合，伴随着发射光子，称为本征跃迁。对于直接带隙半导体，导带与价带极值都在 k 空间原点，本征跃迁为直接跃迁。其发射光子的能量至少满足 $h\nu = E_c - E_v = E_g$。由于直接跃迁的发光过程只涉及一个电子对和一个光子，其辐射效率高。

（2）非本征跃迁。电子从导带跃迁到杂质能级，或杂质能级上的电子跃迁入价带，或电子在杂质能级间的跃迁，都可以引起发光，这种跃迁称为非本征跃迁。对间接带隙半导体，本征跃迁是间接跃迁，概率很小，这时，非本征跃迁起主要作用。

4）发光性能评价

（1）发射光谱。

发射光谱是指在一定的激发条件下发光强度按波长的分布。发射光谱的形状与材料的能带结构有关。

（2）激发光谱。

激发光谱是指材料发射某一种特定谱线（或谱带）的发光强度随激发光的波长而变化的曲线。光谱的横坐标为激发光波长，纵坐标是受激辐射发光在特定波长下的强度。激发光谱反映了受激物质对于外来激发光的响应，它与吸收光谱有相似之处，都是反映材料中从基态始发的向上跃迁通道。

（3）发光寿命。

发光体在激发停止后持续发光的时间称为发光寿命（荧光寿命或余辉时间）。工程中往往约定，从激发停止时的发光强度 I_0 衰减到 $I_0/10$ 的时间为发光寿命。

（4）发光效率。

量子效率 η_q：发射光子数 n_{out} 与吸收光子数（或输入的电子数）n_{in} 之比。

功率效率 η_p：发射功率 P_{out} 与吸收光的功率（或输入的电功率）P_{in} 之比。

光度效率 η_L：发射的光通量 L（单位：lm）与输入的光功率（或电功率）P_{in} 之比。

5）发光的物理机制

（1）分立中心发光。

分立发光中心通常是掺杂在透明基体材料中的离子，或者是基体材料自身结构的某一个基团。发光中心与晶格离子之间的作用分为两种情况：第一种是发光中心基本是孤立的，它的发光光谱与自由离子很相似；第二种是发光中心受基体晶格场的影响较大，其发光特性必须把发光中心和基质作为一个整体来分析。晶格场对发光离子的影响主要表现在几个方面：①影响光谱结构；②影响光谱相对强度。因此，选择不同的发光中心和不同的基体组合，可以改变发光体的发光波长，调节其发光的颜色，并会影响发光的效率和余辉的长短。

（2）复合发光。

由于电子被激发到导带时在价带上留下一个空穴，当导带的电子回到价带与空穴复合时，以光的形式放出能量，这种发光过程称为复合发光。通常复合发光采用半导体材料，并且以掺杂的方式可以提高发光效率。

2. 电致发光

电致发光是通过电场激发引起电子的能级跃迁、复合，导致发光的一种物理现象。目前实际应用的电致发光材料主要是化合物半导体。从发光机理来看，电致发光分为注入型电致发光和本征型电致发光。

1）注入型电致发光

在外电场作用下半导体产生少数载流子注入，并在半导体内再复合发光的现象，称为注入型电致发光。注入型电致发光的典型应用就是发光二极管。

2）本征型电致发光

本征型电致发光是在外加电场作用下电子与材料中的发光中心碰撞使之电离，电子与发光中心的电离原子复合而产生的发光。它又分为高场电致发光与低场电致发光。高场电致发光需要的电场约为 10^6 V/cm，其材料是 II-VI 族化合物，应用最为普遍的就是 ZnS 材料。

3. 激光

电致发光和光致发光属于自发辐射，产生的光波不具有相干性。激光属于材料的受激辐射，产生的光波具有相干性。其产生过程是，当一个能量满足 $h\nu = E_2 - E_1$ 的光子趋近高能级 E_2 的原子时，有可能诱导高能级原子发射一个和自己性质完全相同的光子，此受激辐射的光子与入射光子具有相同的频率、相位和偏振状态。激光的产生需要满足三个条件：

（1）起放大作用的增益介质作为工作物质。选择工作物质主要看它的激活粒子（原子、分子或离子）是否具有适用的能级结构。一般来说，要实现粒子数反转必须有两个能级以上且有亚稳态能级。

（2）提供外界能量激励，实现粒子数反转。通过外界能量的激励作用，激活介质中的大量粒子并被抽运到高能级，通过无辐射跃迁过渡到平均寿命较长的中间亚稳态，实现粒子数反转分布。

（3）提供光学谐振腔。光学谐振腔使受激辐射在有限体积的激活介质中持续进行，使某些特定模式（频率、相位、偏振态及传播方向一定）的光子不断得到加强，光被反复放大，形成激光。

按激光工作物质的类型，可将激光器分为气体激光器、液体激光器、固体激光器、半导体激光器四类。

6.2.5　介质中的光学效应

1. 电光效应

在外电场作用下，晶体的折射率发生变化的现象，称为电光效应。折射率随电场的变化关系为

$$n = n_0 + aE_0 + bE_0^2 + \cdots \tag{6.11}$$

式中：n_0 为外电场 $E_0 = 0$ 时晶体的折射率；a 和 b 为常数。由电场的一次线性项 aE_0 造成的折射率的变化称为一次电光效应，也称为线性电光效应或泡克耳斯（Pockels）效应。由电场的二次平方项 bE_0^2 造成的折射率的变化称为二次电光效应或克尔效应。一次电光效应只存在于不具有对称中心的晶体中，二次电光效应则可能存在于任何物质中。

对于各向异性光学晶体，若用逆介电常数张量 $\boldsymbol{\beta}$ 来表示折射率 n，则

$$\begin{cases} \beta_{ij} = \beta_{ij}^0 + \gamma_{ijk}E_k + h_{ijkl}E_kE_l \\ \Delta\beta_{ij} = \gamma_{ijk}E_k + h_{ijkl}E_kE_l \end{cases} \quad (i,j,k,l=1,2,3) \tag{6.12}$$

式中：β_{ij}^0 为无外加电场的二阶逆介电常数张量；γ_{ijk} 为三阶张量，称为线性电光系数，由这一项所描述的电光效应叫作线性电光效应或泡克耳斯效应；h_{ijkl} 为四阶张量，称为二次非线性电光系数，由这一项所描述的电光效应称作二次电光效应或克尔效应。

电光效应的物理本质是在外加电场作用下晶体的折射率发生改变，从而影响光波在晶体中的传播特性。利用电光效应可以实现对光波的调制。在光学晶体中，折射率的变化往往体现在折射率椭球的大小、形状与取向的变化，特别是在外电场作用下，感应折射率椭球的三个主轴和主值都发生了变化，三个主折射率也随之发生变化。为了充分地运用晶体的电光效应，外加电场和光传播方向通常不是取垂直于光轴方向，就是取平行于光轴方向。这样，沿主轴方向传播的光波发生双折射现象，外加电场使在两个主折射率方向的两个偏振分量产生相位差，也就是"电光延迟"。

由于外加电压的大小直接反映了不同晶体电光效应的差别，在实际应用中，人们引入了一个表征电光效应特性的很重要的物理参量——半波电压 $U_{\lambda/2}$ 或 U_{π}。在 KDP 晶体的纵向效应中，半波电压是指产生电光延迟 $\varphi = \pi$ 的外加电压，具体如下式所示：

$$U_{\lambda/2} = \frac{\lambda}{2n_o^3 \gamma_{63}} \tag{6.13}$$

半波电压是反映电光晶体性能优劣的一个重要参数，而且测得晶体的半波电压值以后，就可直接计算出该晶体的电光系数。

在外加电场作用下电光晶体相当于一个受电压控制的波片，改变外加电场，便可改变相应的线偏振光的电光延迟，从而改变输出光的偏振状态。利用光偏振状态可以控制光的强度和传播方向，在电光调制及电光偏转等光电子技术领域得到广泛应用。

2. 弹光效应

介质中存在弹性应力或应变时，介质的光学性质（折射率）将发生变化的这种现象，称为弹光效应或压光效应。而把超声波引起的弹光效应叫作声光效应。具有对称中心的晶体，会产生一次弹光效应。玻璃、聚合物等各向同性的物体也会具有一次弹光效应。

用折射率椭球方程式中逆介电常数 β_{ij} 的变化来描述应力造成的晶体折射率的变化。略去应力的高次项，应力 T 所引起的逆介电常数变化 $\Delta\beta_{ij}$ 为

$$\begin{cases} \Delta\beta_{ij} = \pi_{ijkl}T_{kl} \\ \Delta\beta_{ij} = p_{ijkl}S_{kl} \end{cases} \tag{6.14}$$

式中：π_{ijkl}、p_{ijkl} 分别为应力弹光常数和应变弹光系数，是四阶张量，共有 81 个分量，但由于逆介电常数张量 β_{ij}、应力 T_{kl}、应变 S_{kl} 均为二阶对称张量，π_{ijkl}、p_{ijkl} 只有 36 个分量是独立的。随着晶体对称性的提高，弹光常数 π_{ijkl} 的独立分量还要进一步减少。

弹光系数依赖于材料所受的压力，因为压力增加，原子堆积更紧密，引起密度和折射率的增大。另外，材料被压缩时，电子结合得也更紧密，使得材料的极化率和折射率减小。由此可见，材料在受机械力作用时，会对材料的折射率产生两个相互抵消的影响效果，而且两者处于同一数量级。因此，有些氧化物的折射率随压力的增大而增大；而有些氧化物的折射率随压力的增大而减小；甚至有些氧化物的折射率不随压力而改变。

3. 非线性光学效应

1）非线性光学效应的定义

在强光场或其他外加场的扰动下，材料强的非线性极化响应将导致不同频率光波之间的能量耦合，从而使入射光波的频率、振幅、偏振及传播方向发生改变，这种光学效应称作非线性光学效应。

当一束激光在介质中传播时，介质极化强度 P 与光波的电场分量 E 之间不再满足正比关系。设 E_j、E_k、E_l 分别为入射光频电场的分量，则它们在晶体中产生的极化可写成下列形式：

$$P_i = \chi_{ij}E_j + \chi_{ijk}E_jE_k + \chi_{ijkl}E_jE_kE_l + \cdots \tag{6.15}$$

将式（6.15）的二次项作为二次非线性效应，其表达式为

$$P_i(\omega_3) = \chi_{ijk} E_j(\omega_1) E_k(\omega_2) \tag{6.16}$$

式中：E_j 和 E_k 为两个入射光的电场分量，光频（基频）分别为 ω_1 和 ω_2；三阶张量 χ_{ijk} 为介质的二阶非线性极化率，简称非线性光学系数；P_i 为由非线性光学效应产生的非线性极化波或二次谐波，它的频率为 $\omega_3 = \omega_1 + \omega_2$ 和 $\omega_3 = \omega_1 - \omega_2$，前者所产生的二次谐波为和频，后者产生的二次谐波为差频，同时产生和频光与差频光的现象，称为混频。通常把产生倍频光的非线性光学效应称作倍频效应，利用该效应可以将近红外激光变成可见光，在激光技术中有非常广泛的应用。

2）产生二阶非线性光学效应的条件

（1）入射光为强光。通常将激光作为入射光源，激光属于强光，其光强高达 10^{10} W/cm^2，光电场强度可达 10^7 V/cm，容易产生非线性光学效应。

（2）晶体对称性要求。只能在无对称中心的 21 种晶体中产生二阶非线性光学效应。实际上 432、422、622 三类晶体的非线性光学系数矩阵元素都等于 0，因此，只有 18 种可能出现二阶非线性光学效应。

（3）位相匹配。按照参量互作用理论，两个频率为 ω_1 和 ω_2 入射光波（基频光）在非线性介质中产生极化波，然后激发第三个光波或二次谐波，其频率为 ω_3，三个光波的波矢分别为 k_1、k_2、k_3。二阶非线性效应的相位匹配条件为

$$\begin{cases} \omega_1 + \omega_2 = \omega_3 \\ k_1 + k_2 = k_3 \end{cases} \tag{6.17}$$

6.3　重点与难点

（1）光与物质相互作用导致的电子极化或电子能态转变。

（2）影响物质折射率的主要因素。

（3）介质的色散现象。

（4）双折射现象。

（5）利用光率体直观表示折射率的空间分布及光的传播特性。

（6）光在介质传播过程中能量的损耗。

（7）金属、绝缘体、半导体等材料对光的吸收与频率之间的关系。

（8）均匀介质与不均匀介质中光的散射规律。

（9）影响弹性散射的主要因素。

（10）影响无机材料光透过率的主要因素。

（11）光发射的基本原理。

（12）电致发光的基本类型与相关应用。

（13）产生激光的基本条件。

（14）电光效应及电光调制。

（15）非线性光学效应产生的条件。

（16）非线性光学效应在调频激光器领域的应用。

6.4　基本概念与重要公式

1. 基本概念

折射率、色散、色散率；

双折射、光率体、寻常光折射率、非寻常光折射率、双折射率；

透光性、透过率、吸收率；

光的散射、弹性散射、拉曼散射、布里渊散射；

发光、电致发光、激光；

电光效应、弹光效应、非线性光学效应。

2. 重要公式

折射率：

$$n = \frac{c}{v} = \sqrt{\varepsilon_r \mu_r}$$

光频范围内介质的复介电常数：

$$\varepsilon_r^* = 1 + \frac{Ne^2}{\varepsilon_0 m} \frac{1}{\omega_0^2 - \omega^2 + i\omega\gamma}$$

复折射率：

$$n^* = n' - in''$$

$$n' \approx 1 + \frac{1}{2}\frac{Ne^2}{\varepsilon_0 m}\frac{\omega_0^2 - \omega^2}{(\omega_0^2 - \omega^2)^2 + \omega^2\gamma^2}$$

$$n'' = \frac{Ne^2}{2\varepsilon_0 m}\frac{\omega\gamma}{(\omega_0^2 - \omega^2)^2 + \omega^2\gamma^2}$$

色散率：

$$\eta = \frac{n_1 - n_2}{\lambda_1 - \lambda_2}$$

柯西经验公式：

$$n = A + \frac{B}{\lambda^2} + \frac{C}{\lambda^4} + \cdots$$

光吸收系数或吸收率：

$$\alpha = \frac{4\pi n''}{\lambda}$$

反射系数：

$$m = \left(\frac{n-1}{n+1}\right)^2$$

瑞利散射系数：

$$S = \frac{32\pi^4 R^3 V_p}{\lambda^4}\left(\frac{n^2-1}{n^2+2}\right)^2$$

透光强度：

$$I' = (1-m)^2 I_0 e^{-(\alpha+S)x}$$

主轴坐标系中，光率体方程：

均质光率体，$\dfrac{x_1^2}{n_o^2}+\dfrac{x_2^2}{n_o^2}+\dfrac{x_3^2}{n_o^2}=1$

单轴光率体，$\dfrac{x_1^2}{n_o^2}+\dfrac{x_2^2}{n_o^2}+\dfrac{x_3^2}{n_e^2}=1$

双轴光率体，$\dfrac{x_1^2}{n_1^2}+\dfrac{x_2^2}{n_2^2}+\dfrac{x_3^2}{n_3^2}=1$

线性电光效应表达式：

$$\Delta\beta_{ij} = \gamma_{ijk}E_k$$

半波电压：

$$U_{\lambda/2} = \frac{\lambda}{2n_o^3\gamma_{63}}$$

二次非线性效应：

$$P_i(\omega_3) = \chi_{ijk}E_j(\omega_1)E_k(\omega_2)$$

以上公式各符号物理含义参见教材。

6.5 习　题

1. 某介质的相对介电常数 $\varepsilon_r=4$，求波长为 3 μm 的电磁波进入该介质的传播速度和波长。

2. 电磁波垂直地由空气射到海面，空气中的波长为 6 μm，海水相对介电常数 $\varepsilon_r=80$，相对磁导率 $\mu_r=1$，求波透入海水的波长和相速。

3. 已知表 6.1 中介质的低频相对介电常数 ε_r 和红外频段的折射率，利用 $n=\sqrt{\varepsilon_r}$ 计算表中介质的光频介电常数，并说明其与低频介电常数的差异。

表 6.1　介质的介电常数和折射率

介质	ε_r（低频）	n（1～5 μm）
a–Se	6.4	2.45
Ge	16.2	4.0
NaCl	5.90	1.54
MgO	9.83	1.71

4. 试解释为什么碳化硅的介电常数和折射率的平方相同。对 KBr，其介电常数与折

射率的平方相同吗？为什么？所有物质在足够高的频率下，折射率等于1，试解释之。

5. 考虑对金刚石应用单一电子极化率和克劳修斯-莫索提方程。忽略损耗，有

$$\alpha_e = \frac{Ze^2}{m_e(\omega_0^2 - \omega^2)}, \quad \frac{\varepsilon_r - 1}{\varepsilon_r + 2} = \frac{N\alpha_e}{3\varepsilon_0}$$

式中：$Z = 4$，$N = 1.8 \times 10^{29}$ 个原子/m³，直流电场下的相对介电常数为5.7。求 ω_0，并求光波长 $\lambda = 0.5\,\mu m$ 处的折射率。

6. 按照折射率 $n = \sqrt{\varepsilon_r}$，其中 ε_r 与 α_e 的关系为克劳修斯-莫索提方程，试根据克劳修斯-莫索提方程分析影响物质折射率的因素有哪些？

7. 什么是色散？介质折射率 n 如何随着电磁波的波长的变化而变化？请画出对可见光透明的材料的全部色散曲线示意图。

8. ZnSe 为 II-VI 族半导体，是应用极为广泛的光学材料，如用于光学窗口（特别是高能激光窗口）、透镜、棱镜等。它可以传播 0.5～19 μm 的波。n 在 1～11 μm 范围内满足柯西表达式给出的 ZnSe 色散关系：

$$n = 2.4365 + \frac{0.0485}{\lambda^2} + \frac{0.0061}{\lambda^4} - 0.0003\lambda^2$$

式中，λ 的单位为 μm。求 5 μm 处 ZnSe 的折射率 n 是多少？

9. 对于 GaAs，从 $\lambda = 0.89\,\mu m$ 到 4.1 μm，折射率由下面的色散关系给出：

$$n^2 = 7.10 + \frac{3.78\lambda^2}{\lambda^2 - 0.2767}$$

计算其在 1300 nm 处的折射率 n。

10. 玻璃相对 400 nm 光波的折射率为 1.66，相对 600 nm 光波的折射率为 1.63，求相对 800 nm 光波的折射率和色散率。

11. 硅晶体的色散关系可以用通用的柯西方程表示：

$$n = n_{-2}(h\nu)^{-2} + n_0 + n_2(h\nu)^2 + n_4(h\nu)^4$$

式中：$h\nu$ 为光子能量；$n_{-2} = -2.04 \times 10^{-8}\,eV^2$，$n_0 = 3.419$，$n_2 = 8.15 \times 10^{-2}\,eV^{-2}$，$n_4 = 1.25 \times 10^{-2}\,eV^{-4}$。硅晶体的禁带宽度 $E_g = 1.1\,eV$，计算硅晶体在 200 μm 和 2 μm 处的折射率，并判断为 $h\nu > E_g$ 时折射率 n 是否有明显的变化？

12. 光学玻璃相对水银灯发出的波长为 435.8 nm 和 546.1 nm 的蓝绿谱线的折射率分别为 1.6525 与 1.6245，根据以上数据确定柯西公式中的两个常数 A 和 B，推算出这种玻璃相对波长为 589.3 nm 的钠黄光的折射率和色散率。

13. 什么是光的吸收？产生光吸收的原因是什么？材料对光的吸收受哪些因素的影响？

14. 若介质的吸收系数为 0.06 m⁻¹，光束通过该介质后光强衰减为入射光强的一半，求该介质的厚度。

15. 若空气的吸收系数为 $10^{-5}\,cm^{-1}$，光束通过 20 m 厚的空气与通过 1 cm 厚的介质吸收的光强相等，求该介质的吸收系数。

16. 人眼能察觉的光强是太阳到达地面光强的 1/10¹⁸，若人在 20 m 深的海水里能看见

光亮，求海水的吸收系数。

17. 光束通过 5 cm 厚的液体后光强减弱 10%，求光束通过 30 cm 厚的液体后，光强减弱多少？

18. 一般利用聚合物、陶瓷和氧化物玻璃可以获得透明或半透明的材料，为什么没有金属是透明或者半透明的？

19. 根据教材图 6.16 可知，绝缘材料在光频范围内有三个吸收峰，分别在红外区、紫外区和 X 射线范围，请解释产生三个吸收峰的物理机制。

20. 已知丙烯酸塑料（廉价相机的镜头材料）折射率为 1.50，计算在垂直入射条件下丙烯酸塑料的反射系数。

21. 用波长为 632.8 nm 的氦氖激光照射玻璃，玻璃的复折射率为 $n^* = 1.5 - i5 \times 10^{-8}$，求该玻璃的折射率和吸收系数。

22. n 型锗样品的电导率约为 $300(\Omega \cdot m)^{-1}$，锗在 20 μm 波长下的折射率 $n = 4$，计算在该波长下相对介电常数的虚部 ε_r''，并求自由载流子形成的吸收系数 α。

23. 用分光椭圆偏振仪在波长为 620 nm 下测量硅晶体，测得复介电常数的实部和虚部分别为 15.2254 与 0.172。求复折射率及光的吸收系数和反射系数？

24. GaAs 的红外消光系数 n'' 在 $\lambda = 37.1$ μm 处达到峰值，此时 $n'' \approx 11.6$，$n \approx 6.6$。计算此波长下红外线从自由空间入射 GaAs 介质的吸收系数 α 和反射系数 m。

25. 多晶硅半导体可以制作太阳能电池，Si 的带隙能量 $E_g = 1.12$ eV，且 1000 nm 下和 500 nm 下的吸收系数分别为 $1 \times 10^4\,\text{m}^{-1}$ 与 $1 \times 10^6\,\text{m}^{-1}$，一般认为当光强被吸收 63% 时就吸收了绝大部分光子，此时光通过介质的距离为光吸收深度，请计算：

（1）光吸收的截止波长是多少？

（2）1000 nm 下和 500 nm 下光吸收深度是多少？

26. 对于光学窗口材料，需要材料透过波长的范围越宽越好，如何选用宽窗口的光学材料？

27. 为什么利用拉曼散射光谱可以分析晶体结构或分子结构的特征？

28. 产生光的散射的原因是什么？什么是弹性散射？弹性散射如何分类？分析影响弹性散射系数的因素有哪些？

29. 请利用散射规律解释自然现象：为什么天空是蓝色，旭日或夕阳是红色，而云雾是白色？

30. 为什么危险信号灯不用人眼最熟悉的黄绿色光而是用红光？

31. 预计表 6.2 中的哪些物质对于可见光来说是透明的？

表 6.2   不同物质的禁带宽度 E_g 值

材料	E_g/eV
金刚石	5.4
ZnS	3.54
CdS	2.42
GaAs	1.35
PbTe	0.25

32. 用一块玻璃作为功率非常高的红外激光器的窗口，那么要求该玻璃具有哪些特性？

33. MgO、SrO、BaO，哪一种材料传播红外辐射的波长最长？为什么？

34. 要求 CO_2 激光器（10.6 μm）及 CO 激光器（5 μm）的窗口材料吸收值低但强度高并易于制造。试对比氧化物和卤化物作为红外窗口材料的性能及要求。

35. 简述无机电介质材料透光性的影响因素有哪些？

36. 一透明 Al_2O_3 板厚度为 1 mm，用以测定光的吸收系数。如果光通过板厚之后，其强度降低了 15%，计算吸收系数和散射系数的总和。

37. 某陶瓷材料的含气孔体积分数为 0.2%，陶瓷的折射率 $n=1.92$，当波长为 0.6 μm 的可见光通过陶瓷时，光的散射因子 K 为 3，忽略陶瓷对可见光的吸收和反射，计算在陶瓷中气孔直径为 2 μm 和 0.01 μm 两种情况下，通过 2 mm 厚陶瓷光的透过率分别是多少？

38. 试说明氧化铝为什么可以制成透光率很高的陶瓷，而金红石则不能？

39. 在制备氧化铝透明陶瓷时，通常会加入少量的 MgO、Y_2O_3、La_2O_3，提高陶瓷的透光性，原因是什么？

40. 什么是热致发光？它与热辐射有什么区别？

41. 发光特性的评价有哪几个方面？

42. 什么是受激辐射？

43. 磷光强度在 10 s 内衰减了 50%。经过多长时间，其强度大约衰减到初始强度的 0.37？

44. 纯硫化锌的能隙是 3.54 eV。

（1）确定能激发硫化锌电子的光子的波长；

（2）若硫化锌中的某杂质产生一个比导带低 1.38 eV 的能量陷阱，计算光辐射的波长并确定它的类型。

45. 按照激发方式的不同，固体发光可以分为哪几类？

46. 简述产生激光的必备条件，激光器（振荡器）的基本组成及各部分的用途。

47. 对于激光介质材料，其固体基质应该具备哪些特性？

48. 发光二极管和半导体激光器都是利用半导体 p-n 结或类似结构把电能转化为光量的器件，但基本原理还是有很多区别，请简述两者的区别和联系。

49. 什么是光性非均质体？其特点是什么？

50. 什么是双折射？晶体产生双折射的条件是什么？

51. 试阐述晶体双折射效应的根本原因。

52. 请画出均质体、单轴晶体（包括正单轴晶体和负单轴晶体）及双轴晶体的光率体的示意图。

53. KDP 是负单轴晶体，它对于波长 546 nm 的光波的主折射率为 $n_o=1.512$ 和 $n_e=1.470$，试求光波在晶体内沿着与光轴成 30° 的方向传播时两个许可的折射率。

54. 什么叫泡克耳斯效应？什么叫克尔效应？电光效应有哪些应用？

55. KDP 是负单轴晶体，其主折射率为 n_o 和 n_e，在光轴方向加上电场后，晶体变成了双轴晶体，请推导出感应折射率椭球的三个主折射率。

56. 对于波长 $\lambda \approx 1.01$ μm 的石英半波片，其寻常光和非常光的折射率分别为 $n_o=1.544$ 和

$n_e = 1.553$，那么石英半波片可能的厚度为多少？

57. 利用 KDP 电光晶体纵向效应在外电压作用下获得电光延迟，已知电光系数γ_{63}为10.5×10^{-12} m/V，$n_o = 1.512$，求该晶体对波长为 500 nm 的光波的半波电压。

58. 简述电光效应的主要应用及电光晶体材料的特点。

59. 什么是非线性光学效应？产生二阶非线性光学效应的条件是什么？

60. 为什么在各向同性介质中无法实现光学倍频效应？石英晶体中正常色散区实现倍频效应时的入射光和倍频光分别是 o 光与 e 光中的哪种光波？

61. 将波长为 694.3 nm 的红宝石激光和波长为 3391.2 nm 的氦氖激光同时入射到碘酸锂晶体中，可以产生和频光，求和频光的波长。

参 考 答 案

第 1 章

1～7.略。

第 2 章

1. 略。

2. 不是，简单点阵。

3. 略。

4. 将一个 A 离子和一个 B 离子看成结构基元，简单点阵。

5. 晶胞结构略，0.246 nm，120°，2。

6. 略。

7. （1）略；（2）$a = b = 0.246$ nm，$c = 0.672$ nm；（3）4。

8. 略。

9. 增加了和平移相关的对称操作，如旋转-平移、反映-平移等；晶体任何对称轴都必须与一组直线点阵平行，并且对称轴的轴次只能取 1、2、3、4、6。

10. 230，32，7，14。

11. 顶点（0，0，0），面心（1/2，1/2，0），体对角线（1/4，1/4，1/4）、（3/4，3/4，1/4）、（1/4，1/4，3/4）、（3/4，3/4，3/4）；1.54Å；3.51 g/cm^3。

12. 晶胞选取的基本重复单位为平行六面体。

13～16. 略。

17. 金刚石结构基元的对称性比 ZnS 结构基元的对称性要高。

18. 略。

19. $P4_12_12$ 和 $P3_12$ 可能具有光学活性；2/m、422 和 32；简单单斜、简单四方、简单三方。

20. C2。

21. m3 m、422、mm2；面心立方、简单四方、底心正交。

22. 略。

23. 0.19 nm，0.082 nm。

24. （1）4；（2）0.35 nm。

25. 面心立方布拉维点阵。

26. 0.405 nm。

27. （1）不接触；（2）0.443 nm；（3）2.28 g/cm^3。

28. CsCl 结构。

29. 3.51 g/cm^3。

30. 氧八面体中可能容纳的正离子半径的上、下限分别为 0.58Å 和 1.02Å。

31. 四面体间隙数、八面体间隙数及 O^{2-} 离子数之比为 8∶4∶4；举例略。

32. （1）略；　（2）$MgCNi_3$。

33. 6.28 g/cm³。

34. （1）略；　（2）略；　（3）$0.4\Delta O$，$2.4\Delta O$。

35. 正尖晶石型结构。

36. 计算八面体择位优先能来判断。

37. 略。

38. 计算 CFSE 来判断。

39. 计算 CFSE 来判断。

40. （1）d^6 组态 $t_{2g}^4 e_g^2$；　（2）CFSE = $2/5\Delta O$。

41. 根据点群类型，判断配体是强场，计算 CFSE 为 $12/5\Delta O$。

42. 原因略；$4/5\Delta O$，$12/5\Delta O$。

43. （1）配位场强弱顺序；（2）同一金属元素，离子电荷越高，ΔO 值越大，且同一族、同一价态下，含 d 电子层的主量子数越大，ΔO 也越大。

44～45. 略。

46. （1）
$$Bi_2O_3 \xrightarrow{ZnO} 2Bi_{Zn}^{\cdot} + 2O_O^{\times} + O_i''$$
$$Bi_2O_3 \xrightarrow{ZnO} 2Bi_{Zn}^{\cdot} + 2O_O^{\times} + \frac{1}{2}O_2 + 2e'$$
$$Bi_2O_3 \xrightarrow{ZnO} 2Bi_{Zn}^{\cdot} + 3O_O^{\times} + V\ddot{o}$$

（2）$Zn_{Zn}^{\times} \longrightarrow Zn_i^{\times\times} + V_{Zn}''$

（3）$ZnO \longrightarrow Zn_i^{\times\times} + \frac{1}{2}O_2 + 2e'$

（4）$Zn(g) \longrightarrow Zn_i^{\times\times} + 2e'$

（5）$CaO \xrightarrow{ZrO_2} Ca_{Zr}'' + O_O^{\times} + V\ddot{o}$，　$Y_2O_3 \xrightarrow{2ZrO_2} 2Y_{Zr}' + 3O_O^{\times} + V\ddot{o}$

47. 肖特基缺陷，缺陷的数量是 0.08 对。

48. 0.038 对。

49. （1）$\frac{1}{2}O_2(g) \xrightarrow{NiO} O_O^{\times} + V_{Ni}'' + 2h^{\cdot}$；　（2）0.08；　（3）92%；　（4）2.94Å。

50. 弗仑克尔缺陷：2.14×10^{-24}，1.70×10^{-4}；肖特基缺陷：6.16×10^{-32}，7.04×10^{-6}。

51. 3.74×10^{-7}。

52. Al^{3+} 的扩散系数为 9.72×10^{-16} m²/s，O^{2-} 的扩散系数为 4.64×10^{-18} m²/s；O^{2-} 通过替位式扩散，激活能较高，扩散系数较小，而 Al^{3+} 可以通过替位式扩散，Al_2O_3 结构中 Al 按照空—实　实的方式进行排布，替位式扩散的激活能降低，扩散系数偏大。

53～54. 略。

55. （1）$Al_{2-2x}Zr_{2x}O_{3+x}$，　$2ZrO_2 \xrightarrow{Al_2O_3} 2Zr_{Al}^{\cdot} + 3O_O^{\times} + O_i''$；　（2）1∶1。

56. 置换型：缺陷反应方程式略，$Ce_{0.85}Ca_{0.15}O_{1.85}$，6.45 g/cm³；间隙型：缺陷反应方程式略，$Ce_{0.925}Ca_{0.15}O_2$，7.0 g/cm³。

57. 间隙型固溶体。

58. 增加。

59. 91：6。

60. $Fe_{1-x}O$ 和 $Zn_{1+x}O$ 的晶体密度均随氧分压的增加而减小，$Fe_{1-x}O$ 的晶体密度随温度升高而减小，$Zn_{1+x}O$ 的晶体密度随温度升高而增大。

61. 置换型固溶体，100 个阳离子需要 186 个氧离子，且四面体间隙位置被占据的比例为 93%；间隙型固溶体，100 个阳离子需要 185 个氧离子，且四面体间隙位置被占据的比例为 100%。

62～64. 略。

65.（1）1；（2）2；（3）3。

第 3 章

1. 三端法测体电阻率可消除表面电阻的影响，适合高阻情况；四探针法测电阻可消除接触电阻的影响，适合低电阻样品。

2. 引入有效质量的概念就可以概括晶体内部势场的总作用，电子的惯性质量不能反映晶体中电子能量随其波矢 k 变化而变化的特点。

3. 略。

4. $R_H = \mu_H / \sigma$，$\mu_e > \mu_h$，$\sigma_{半} < \sigma_{金}$。

5. 测霍尔系数或泽贝克系数。

6. $\sigma = D\dfrac{nq^2}{k_B T} = \dfrac{4 \times 10^{22} \times (2 \times 1.6 \times 10^{-19})^2 \times 5 \times 10^{-12}}{1.38 \times 10^{-23} \times (1500 + 273)} = 8.37 \times 10^{-7} [(\Omega \cdot cm)^{-1}]$。

7.（1）$E_0 = 0.71\,eV$，电导主要由 Na^+ 离子扩散控制；

（2）$\mu = 1.1 \times 10^{-15}\,m^2 / (V \cdot s)$，$D = 3.63 \times 10^{-17}\,m^2 / s$。

8.（1）n 型；（2）$R_H = -2 \times 10^{-3}\,m^3/C$；（3）$n = 3.125 \times 10^{21}\,m^{-3}$；（4）$\mu_n = 0.4\,m^2 / (V \cdot s)$。

9.（1）p 型；（2）$R_H = 42.7\,cm^3/C$；（3）$p = 1.46 \times 10^{17}\,cm^{-3}$。

10. 产生氧空位，氧离子迁移，$E = \dfrac{RT}{4F} \ln \dfrac{P_{O_2}(高)}{P_{O_2}(低)}$。

11. 快冷的 Cu-Au 匀晶合金为无序态，x 增加，散射增强，在 $x = 0.5$ 时达到最大值后下降。

慢速冷却的 Cu-Au 匀晶合金，存在 Cu_3Au 和 CuAu 两个有序相，合金的有序化使得晶格的库仑势场恢复周期性，从而使其电阻率比同成分的无序合金低得多。

12.（1）3d 带中电子的有效质量大；（2）E_F 附近 4s 带中的电子对电导有贡献；（3）Ni 的 s 自由电子定域化，散射增强，电阻率提高。

13.（1）$f_e(E) = \dfrac{1}{1 + \exp\left(\dfrac{E - E_F}{k_B T}\right)}$；

（2）E_F 位于能带结构的中心位置，E_F 的位置随温度的升高而增大。

14. 2。

15. $v_d / v_F = 1.88 \times 10^{-12}$。

16. 设 $E = E_0 e^{-i\omega \tau}$，则 $\dfrac{dv_d}{dt} + \dfrac{v_d}{\tau} = -\dfrac{e}{m} E_0 e^{-i\omega \tau}$，据 $J = -nev_d = \sigma(\omega) E$ 即可得 $\sigma(\omega) = \sigma(0)\left[\dfrac{1 + i\omega\tau}{1 + (\omega\tau)^2}\right]$。

17. 略（从载流子浓度、晶格散射及杂质散射与温度的关系考虑）。

18.（1）$n = 8.5 \times 10^{22}$ cm^{-3}；（2）$E_F = 7$ eV，$v_F = 1.57 \times 10^6$ m/s；（3）$\tau = 2.7 \times 10^{-14}$ s；（4）$\lambda = 4.26 \times 10^{-8}$ m。

19. $n = 1.25 \times 10^{29}$ m^{-3}，每个 Cu 原子中的自由电子数为 1.47。

20.（1）$n = 5.86 \times 10^{28}$ m^{-3}；（2）$E_F = 5.5$ eV，$v_F = 1.39 \times 10^6$ m/s；（3）τ（20 K）$= 1.6 \times 10^{-11}$ s，τ（294 K）$= 3.75 \times 10^{-14}$ s；（4）λ（20 K）$= 5.22 \times 10^{-8}$ m，λ（294 K）$= 2.22 \times 10^{-5}$ m。

21. $\dfrac{1}{\mu} = \dfrac{1}{\mu_L} + \dfrac{1}{\mu_1} = \dfrac{1}{aT^{-3/2}} + \dfrac{1}{bT^{3/2}}$。

22.（1）n 型；（2）$\sigma_{\text{室温}} = 1.12 \times 10^3 (\Omega \cdot \text{m})^{-1}$；（3）$\sigma_{100℃} = 6.4 \times 10^2 (\Omega \cdot \text{m})^{-1}$。

23. 如 B，$n_A = 6.25 \times 10^{21}$ m^{-3}，掺入量 1.25×10^{-7}。

24. 2.8×10^6 倍。

25. 0.934 S/cm。

26. 104.4 S/m。

27.（1）$n_e = 2.2 \times 10^{13}$ cm^{-3}；（2）$N = 1.45 \times 10^{19}$ cm^{-3}；（3）1.24×10^{-10}。

28. $\sigma_1 = 2.16 \times 10^{-3}$ S/cm；$\sigma_2 = 12.8$ S/cm。

29. 无光照，$\sigma = 1.92$ S/cm；有光照，$\sigma' = 1.945$ S/cm。

30.（1）如掺 B；（2）掺杂量多的；（3）E_F 离价带顶的距离增大。

31. $N_A = 5.4 \times 10^{15}$ cm^{-3}。

32. $O_O^\times = V_O^{\bullet\bullet} + 2e' + \dfrac{1}{2} O_2(g)$，形成 F-心。

33. 如施主掺杂或还原性气氛烧结。

34. $\dfrac{1}{2} O_2 \rightarrow O_O^\times + V_M^\times$，$V_M^\times \rightarrow V_M' + h^\bullet$，$V_M' \rightarrow V_M'' + h^\bullet$，

$K_1 = [V_M^\times] P_{O_2}^{-1/2}$，$K_2 = \dfrac{[V_M'][h^\bullet]}{[V_M^\times]}$，$K_3 = \dfrac{[V_M''][h^\bullet]}{[V_M']}$，$[h^\bullet] = 2[V_{Ni}''] + [V_{Ni}']$。

（1）低温区（高氧压区），$[V_M^\times] = K_1 P_{O_2}^{1/2}$，温度上升，$[V_{Ni}'] = [h^\bullet] = (K_1 K_2)^{1/2} P_{O_2}^{1/4}$。

（2）高温区（低氧压区），$[h^\bullet] = 2[V_{Ni}''] = (2K_1 K_2 K_3)^{1/3} P_{O_2}^{1/6}$。

（3）中温区（中氧压区），$[h^\bullet]^3 = K_1 K_2 P_{O_2}^{1/2} (2K_3 + [h^\bullet])$，$[h^\bullet] \propto P_{O_2}^{1/5}$。

（4）$Al_2O_3 \xrightarrow{NiO} 2Al_{Ni}^\bullet + 2e' + 2O_O^\times + \dfrac{1}{2} O_2$，电导率先降后升。

35.（1）n 型。

（2）$ZnO = Zn_i^\times + \dfrac{1}{2} O_2(g)$，$Zn_i^\times = Zn_i^\bullet + e'$，$Zn_i^\bullet = Zn_i^{\bullet\bullet} + e'$，

$K_1 = [Zn_i^\times] P_{O_2}^{1/2}$，$K_2 = \dfrac{[Zn_i^\bullet][e']}{[Zn_i^\times]}$，$K_3 = \dfrac{[Zn_i^{\bullet\bullet}][e']}{[Zn_i^\bullet]}$，$[Zn_i^\bullet] + 2[Zn_i^{\bullet\bullet}] = [e']$。

低温低氧压区，$[e'] = (K_1 K_2)^{1/2} P_{O_2}^{-1/4}$，$\sigma \propto P_{O_2}^{-1/4}$。

高温高氧压区，$[e'] = (2K_1 K_2 K_3)^{1/3} P_{O_2}^{-1/6}$，$\sigma \propto P_{O_2}^{-1/6}$。

中温中氧压区，$[e']^3 = K_1 K_2 P_{O_2} \dfrac{1}{2} (2K_3 + [e'])$，$[e'] \propto P_{O_2}^{-1/5}$，$\sigma \propto P_{O_2}^{-1/5}$。

（3）$Li_2O + \dfrac{1}{2} O_2 \xrightarrow{ZnO} 2Li_{Zn}' + 2h^\bullet + 2O_O^\times$，电导率先降低后升高。

36. 推导略。低温区低氧压区：$[e'] = [V_O^\bullet] = (K_1 K_2)^{1/2} P_{O_2}^{-1/4}$ $\sigma \propto P_{O_2}^{-1/4}$。

中温中氧压区：$[e']^3 = K_1 K_2 P_{O_2}^{1/2} (2K_3 + [e'])$ $\sigma \propto P_{O_2}^{-1/5}$。

高温高氧压区：$[e'] = (2K_1K_2K_3)^{1/3}P_{O_2}^{-1/6}$ $\sigma \propto P_{O_2}^{-1/6}$ 。

37. 分析略，如图所示。

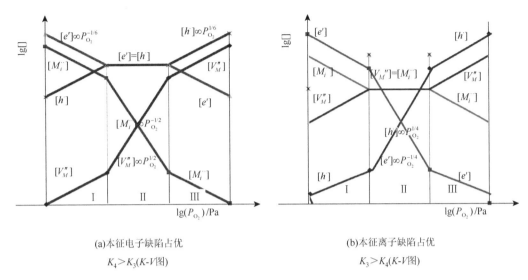

(a)本征电子缺陷占优
$K_4 > K_3(K\text{-}V图)$

(b)本征离子缺陷占优
$K_3 > K_4(K\text{-}V图)$

题 37 图

38. $La_2O_3 = 2La_{Ba}^{\cdot} + 2e' + 2O_O^{\times} + \dfrac{1}{2}O_2(g)$，双肖特基势垒的形成，$\phi_0 = \dfrac{e^2 N_D}{2\varepsilon_r\varepsilon_0}r^2$，$T > T_c$ 时，$\varepsilon = \dfrac{C}{T - T_c}$，

势垒增高，电阻率 $\rho = \rho_0 \exp\left(\dfrac{\phi_0}{kT}\right)$ 急剧增加。

39. 图略，表面电导率增加。

40. 肖特基接触，Au；欧姆接触，Cs、Li、Al。

41. 略。

第 4 章

1. 7.08×10^{-5} C/m²。

2. $\sqrt{3}el$，方向从负电中心到正电中心。

3. 1.13×10^6 V/m。

4～9. 略。

10. 8×10^{-42} F·m²，1.25×10^{-17} m。

11. 8.99×10^{-42} F·m²。

12～13. 略。

14. 1.000066，1.000033。

15. 1.00051，1.63。

16. 7.58，2.72。

17. 15.99。

18. 7.09。

19. 3.4。

20. 4.17×10^{-40} F·m^2。

21. 5.27×10^{-40} F·m^2。

22. （1）$a = 4.5936$ Å，$b = 5.6199$ Å，$c = 12.8662$ Å；$V = 321.99$ Å^3；$\rho_v = 4.4$ g/cm^3；相对密度 $= 95.7\%$。

（2）7.52，比直流电场下实测结果小，直流电场下实测结果除了电子位移极化，还有离子位移极化。

23. 由于在 TiO_2 晶体内部结构的特点，在外电场的作用下，离子间的强烈相互作用引起非常大的局部内电场 E_{loc}。

24. 41.2%。

25~27. 略。

28. 0.95 mW/cm^3，2.83 mW/cm^3。

29. $5.09 \times 10^{-8} \dfrac{1}{\Omega}$，增大。

30. 测定介质的 Cole-Cole 圆图，如果圆心落在横坐标轴以下，说明极性介质的弛豫时间是分布函数。

31~33. 略。

34. 4.03，0.93，0.23；2.19，2.3×10^{-4}，1.05×10^{-4}。

35~38. 略。

39. 3.53，0.23。

40~44. 略。

45. （1）双层串联复合介质，由于介电常数和电导率不同，在直流电场作用下，达到稳定后会在界面处形成电荷的积累；（2）$\dfrac{1}{\varepsilon} = \dfrac{x_1}{\varepsilon_1} + \dfrac{x_2}{\varepsilon_2}$，$\dfrac{1}{\sigma} = \dfrac{x_1}{\sigma_1} + \dfrac{x_2}{\sigma_2}$，$\tan\delta = \dfrac{1}{\omega} \dfrac{\frac{x_1}{\varepsilon_1} + \frac{x_2}{\varepsilon_2}}{\frac{x_1}{\sigma_1} + \frac{x_2}{\sigma_2}}$（$x_1$、$x_2$ 分别为两层介质的体积分数）；（3）略。

46~48. 略。

49. "香蕉型"电滞回线形成的原因为非本征的外部因素造成的，如漏电流、空间电荷极化、非欧姆接触等；测定 PUND（positive-up-negative-down）（P-E）曲线。

50. [313]，103°。

51. 相同点：晶格结构具有非对称中心，都具有自发极化。

不同点：前者自发极化是由氢离子的有序排列引起的，后者是 Ti 离子的子晶格相对于 O 离子的子晶格做相对位移而形成的。

52~56. 略。

57. （1）0.48，原因略；（2）略；（3）极化。

第 5 章

1. 国际单位制，$B = \mu_0(H + M) = \mu H$　（B 单位为 T，H 单位为 A/m，M 单位为 A/m，μ_0 单位为 H/m）；高斯单位制，$B = H + 4\pi M$　[B 单位为 Gs，H 单位为 Oe，M 单位为 Gs(emu/cc)]。

2. 略。

3. 电子的拉莫进动。

4. 考虑自由电子的泡利顺磁磁化率和朗道抗磁磁化率的大小。

5. 略。

6. 未满的 d 轨道电子或未满的 f 轨道电子。

7～8. 略。

9. 外磁场下，$\Delta E_{+}=\Delta E_{-}=2\times\dfrac{1}{2}\mu_B\mu_0 H=\mu_B\mu_0 H$，$M=2\mu_B\delta N=g(E_F)\mu_B^2\mu_0 H$，可得磁化率 $\chi_P=g(E_F)\mu_0\mu_B^2=\dfrac{3n\mu_0\mu_B^2}{2E_F}$，其值是朗道抗磁磁化率的三倍，故 Li、K 等表现出顺磁性。由于温度对费米-狄拉克函数和费米能级 E_F 的影响较小，这些传导电子的顺磁性与温度无关。

10. 铁系过渡元素离子的磁性来自未满壳层 d 轨道上的电子，d 电子属于外层电子，在晶体中是裸露的，其角动量容易受到晶体场的影响而被冻结；稀土元素的磁性来自未满壳层 f 轨道上的电子，f 电子属于内层电子，其角动量在晶体中不容易受到晶体场的影响，所以不会冻结。

11. $M=\dfrac{n\mu_0\mu_B^2}{k_B T}H$。

12. 略；高温下 $\chi=\dfrac{C}{T}$，低温或强场下 $M=N\mu_J=M_s$；未考虑磁矩的量子化且假设原子间无相互作用。

13. $\chi=2.3\times10^{-6}$。

14. Al 为顺磁体，Fe 为铁磁体，Zn 为抗磁体。

15. 略；铁氧体中的磁性离子间的电子云不可能有较大的交叠。

16. 略；铁磁体的充要条件为 $\mu_J\neq0$ 且 $A>0$。

17. $T_C\approx\dfrac{N\mu_o g_J^2\mu_B^2 J(J+1)\omega}{3k_B}$

18. A-B，A-A，B-B；A-O-B 的键角接近 $180°$ 且距离较近。

19. 略。

20. $\mu_J(\text{Fe})=6.7\mu_B$；$\mu_J(\text{Co})=6.63\mu_B$；$\mu_J(\text{Ni})=5.59\mu_B$。

21. $\mu_J(\text{Fe})=2.2\mu_B$；$\mu_J(\text{Co})=1.8\mu_B$；$\mu_J(\text{Ni})=0.58\mu_B$。

22. 自由离子：$\mu_J(\text{Pr}^{3+})=3.58\mu_B$，$\mu_J(\text{Fe}^{2+})=6.7\mu_B$。

   晶体场作用下：$\mu_J(\text{Pr}^{3+})=3.58\mu_B$，$\mu_J(\text{Fe}^{2+})=4.9\mu_B$。

23. $M_s=1.74\times10^6\text{A/m}$。

24. $M_s=8.1\times10^5\text{A/m}$。

25. $a=3.589\text{Å}$。

26. （1）80K，$11°$ 附近的衍射峰由（111）晶面中反平行排列的磁矩贡献，反铁磁体；

   （2）$a=4.432\text{Å}$；（3）146（国际单位制），1837（高斯单位制）。

27. $M_s=5.02\times10^5\text{A/m}$。

28. 反尖晶石型结构，$16\mu_B$。

29. （1）$M_s=3.5\times10^5\text{A/m}$；（2）电阻率高，损耗小，适合高频应用。

30. （1）反尖晶石型结构；（2）$M_s=3.76\times10^5\text{A/m}$。

31. 略。

32. 电阻率、磁损耗、磁导率、转换效率、成本、噪声等方面。

33. 略。

34. 畴壁的不可逆运动。

35. 能量最低原理；畴壁的位移磁化，磁畴的转向磁化。

36. 增加磁畴运动的阻力，如提高内应力、磁晶各向异性、磁致伸缩系数、杂质缺陷数。

37. 实部为储存的能量，虚部为磁能损耗。

38. 涡流损耗、磁滞损耗、剩余损耗；提高电阻率、减小样品厚度、内应力、磁晶各向异性、杂质等，在应用频段和工作温度范围内避开损耗最大值。

39. 根源在于磁化强度 M_s 绕恒磁场的进动。

40. OMR 效应——磁场中运动的电子受到洛伦兹力作用，从而增加了电子受散射的概率；

AMR 效应——外磁场能使电子的轨道角动量倾斜，使不同运动方向导电电子的散射发生改变；

GMR 效应——效应传导电子的散射概率取决于其自旋方向和磁性原子磁矩方向的相对取向。

41. 略。

第 6 章

1. 1.5×10^8 m/s，1.5 μm。

2. 0.67 μm，3.35×10^7 m/s。

3. 6.0，16，2.37，2.92。

4. 碳化硅为原子晶体，只存在电子位移极化，并在光频条件下能建立；KBr 的介电常数不等于折射率的平方，低频下电子位移极化和离子位移极化对介电常数都有贡献，而光频下只有电子位移极化的贡献；在足够高的频率下，所有的极化都跟不上频率的变化。

5. 3.53×10^{16} rad/s，2.43。

6. 原子半径、材料的结构和晶型、外界因素等。

7. 略。

8. 2.4309。

9. 11.6201。

10. 1.6，-1.5×10^{-4} ^{n}m^{-1}。

11. 3.4185，3.4522，$h\nu > E_g$，发生强烈的光吸收，折射率随频率或波长的变化非常明显，此时进入反常色散区，此时通用的柯西方程不适用。

12. 1.575，1.464×10^4；1.617，-1.431×10^{-4}nm^{-1}。

13. 略。

14. 11.55 m。

15. 0.02 cm^{-1}。

16. 2.07 m^{-1}。

17. 47%。

18~19. 略。

20. 0.04。

21. 1.5，9.9×10^{-3} cm^{-1}。

22. 0.36，2.83×10^4 m^{-1}。

23. $n^* = 3.902 - i0.022$，4.46×10^5 m^{-1}，0.35。

24. 3.93×10^6 m^{-1}，0.54。

25.（1）1.11 μm；（2）1×10^{-4} m，1×10^{-6} m。

26. 高的电子能隙值、弱的原子间结合力及大的离子质量。

27～29. 略。

30. 在瑞利散射中，散射光强度与波长的四次方成反比，长波长散射光强度小，穿透能力强。

31. 金刚石和 ZnS。

32. 在红外线区具有非常高的透过率，并具有高的强度。

33. BaO，质量最大，熔点最低，离子间的作用力最弱。

34～35. 略。

36. 1.6×10^2 m^{-1}。

37. 0.000123，0.9944。

38. 考虑两种材料的双折射率的差异。

39. 减小气孔率，以及降低尖晶石相与主晶相之间的相对折射率。

40～42. 略。

43. 9.7s。

44.（1）0.35 μm；（2）0.57 μm 磷光发射。

45～52. 略。

53. 1.512，1.5012。

54. 略。

55. $n_1 = n_o - \dfrac{1}{2}n_o^3\gamma_{63}E_3$; $n_2 = n_o + \dfrac{1}{2}n_o^3\gamma_{63}E_3$; $n_3 = n_e$ 。

56. 5.61×10^{-2} mm。

57. 6.89×10^3 V。

58～59. 略。

60. 考虑色散效应；入射光是 e 光，倍频光是 o 光。

61. 576.3 nm。

参 考 文 献

蔡珣, 2013. 材料科学与工程基础辅导与习题. 上海: 上海交通大学出版社.

曹立礼, 2009. 材料表面科学. 北京: 清华大学出版社.

陈鸣, 2006. 电子材料. 北京: 北京邮电大学出版社.

范群成, 田民波, 2005. 材料科学基础学习辅导. 北京: 机械工业出版社.

关振铎, 张中太, 焦金生, 2011. 无机材料物理性能. 2 版. 北京: 清华大学出版社.

李永健, 任彦亮, 2015. 结构化学学习指导. 武汉: 华中师范大学出版社.

龙毅, 李庆奎, 强文江, 2011. 材料物理性能. 2 版. 长沙: 中南大学出版社.

宁青菊, 谈国强, 史永胜, 2006. 无机材料物理性能. 北京: 化学工业出版社.

萨法·卡萨普, 2009. 电子材料与器件原理. 上册. 理论篇. 汪宏, 等译. 西安: 西安交通大学出版社.

萨法·卡萨普, 2009. 电子材料与器件原理. 下册. 应用篇. 汪宏, 等译. 西安: 西安交通大学出版社.

田敬民, 2005. 半导体物理问题与习题. 2 版. 北京: 国防工业出版社.

田敬民, 2005. 半导体物理问题与习题. 北京: 国防工业出版社.

田敬民, 张声良, 2005. 半导体物理学习辅导与典型题解. 北京: 电子工业出版社.

王矜奉, 范希会, 张承琚, 2009. 固体物理概念题和习题指导. 济南: 山东大学出版社.

韦丹, 2007. 固体物理. 2 版. 北京: 清华大学出版社.

韦丹, 2007. 固体物理学习辅导与习题解答. 2 版. 北京: 清华大学出版社.

谢希文, 过梅丽, 1999. 材料科学基础. 北京: 北京航空航天大学出版社.

曾燕伟, 2011. 无机材料科学基础. 武汉: 武汉理工大学出版社.

张良莹, 姚熹, 1991. 电介质物理. 西安: 西安交通大学出版社.

郑植仁, 吴文智, 李艾华, 2015. 光学. 哈尔滨: 哈尔滨工业大学出版社.

附 录

附录 A 常用物理常数

名称	符号	数值（国际单位制）	数值（高斯单位制）
阿伏伽德罗常量	N_A	6.023×10^{23} mol^{-1}	6.023×10^{23} mol^{-1}
玻尔兹曼常量	k_B	1.381×10^{-23} J/K 8.62×10^{-5} eV/K	1.381×10^{-16} erg/K
摩尔气体常数	R	8.314J/(mol·K)	8.314×10^7 erg/(mol·K)
法拉第常数	F	9.649×10^4 C/mol	2.892×10^4 esu/mol
普朗克常数	h	6.626×10^{-34} J·s	6.626×10^{-27} erg·s
约化普朗克常数	$\hbar$	1.054×10^{-34} J·s	1.054×10^{-27} erg·s
电子电荷	e	1.602×10^{-19} C	4.803×10^{-10} esu
电子静止质量	m_e	9.109×10^{-31} kg	9.109×10^{-31} kg
真空介电常数	ε_0	8.854×10^{-12} F/m	—
真空磁导率	μ_0	$4\pi \times 10^{-7}$ H/m	—
真空光速	c	3×10^8 m/s	3×10^{10} cm/s
玻尔磁子	μ_B	9.274×10^{-24} J/T	9.274×10^{-21} erg/Gs
标准大气压	atm	1.013×10^5 Pa	1.013×10^6 dyn/cm^2

附录 B 国际单位制的基本单位

物理量	单位名称	单位符号
长度	米	m
质量	千克	kg
时间	秒	s
电流	安培	A
热力学温度	开尔文	K
物质的量	摩尔	mol
发光强度	坎德拉	cd

附录 C　常用物理量的单位与转换

物理量	国际制单位	高斯制单位	换算关系
长度	m（米）	cm（厘米）	$1\text{ m} = 10^2\text{ cm}$
质量	kg（千克）	g（克）	$1\text{ kg} = 10^3\text{ g}$
时间	s（秒）	s（秒）	—
频率	Hz（赫兹）	Hz（赫兹）	—
力	N（牛顿）	dyn（达因）	$1\text{ N} = 10^5\text{ dyn}$
能量	J（焦耳）	erg（尔格）	$1\text{ J} = 10^7\text{ erg}$
功率	W（瓦特）	erg/s	$1\text{ W} = 10^7\text{ erg/s}$
压强	Pa（帕斯卡）	dyn/cm^2	$1\text{ Pa} = 10\text{ dyn/cm}^2$
电量	C（库仑）	esu（静电库仑）*静电制； emu·s*电磁制	$1\text{ C} = 3\times10^9\text{ esu}$； $1\text{ C} = 0.13\times10^9\text{ emu·s}$
电流	A（安培）	esu/s*静电制； emu（静磁安培）*电磁制	$1\text{ A} = 3\times10^9\text{ esu/s}$； $1\text{ A} = 0.1\text{ emu}$
电位	V（伏特）	erg/esu*静电制； erg/(emu·s)*电磁制	$1\text{ V} = 3.3356\times10^{-3}\text{ erg/esu}$； $1\text{ V} = 10^8\text{ erg/(emu·s)}$
电阻	Ω（欧姆）	$(\text{cm/s})^{-1}$*静电制； cm/s*电磁制	$1\text{ Ω} = 1.1126\times10^{-12}(\text{cm/s})^{-1}$； $1\text{ Ω} = 10^9\text{ cm/s}$
电导	S（西门子）	cm/s*静电制； $(\text{cm/s})^{-1}$*电磁制	$1\text{ S} = 8.9885\times10^{11}\text{ cm/s}$； $1\text{ S} = 10^{-9}(\text{cm/s})^{-1}$
电容	F（法拉）	cm*静电制； $(\text{cm/s}^2)^{-1}$*电磁制	$1\text{ F} = 8.9875\times10^{11}\text{ cm}$； $1\text{ F} = 10^{-9}(\text{cm/s}^2)^{-1}(\text{emu})$
电感	H（亨利）	$(\text{cm/s}^2)^{-1}$*静电制； cm*电磁制	$1\text{ H} = 1.1126\times10^{12}(\text{cm/s}^2)^{-1}$； $1\text{ H} = 10^9\text{ cm}$
磁感应通量	Wb（韦伯）	Mx*电磁制	$1\text{ Wb} = 10^8\text{ Mx}$
磁感应强度	T（特斯拉）	Gs*电磁制	$1\text{ T} = 10^4\text{ Gs}$
磁场强度	A/m	Oe*电磁制	$1\text{ A/m} = 4\pi\times10^{-3}\text{ Oe}$

　　注：高斯单位制在电磁学中有两套单位制，一套以库仑定律为基础，称为静电制，它是电动力学中最常用的单位制；另一套以安培定律为基础，称为电磁制。